拱桥吊杆损伤识别及更换方案设计

仝　辉　著

黄河水利出版社
·郑州·

内 容 提 要

本书系统研究了钢管混凝土系杆拱桥吊杆损伤识别方法以及在开放交通条件下的吊杆更换技术。首先,通过静动力响应面法修正有限元模型,使有限元模型更加精确地模拟出实际桥梁状况,进而更加精准地指导施工设计。其次,明晰了钢管混凝土系杆拱桥吊杆损伤的精确识别方法,推导吊杆应变、位移影响线的解析表达式,并提出基于准静态影响线指标的吊杆损伤识别方法,通过实际案例验证了该方法的适用性,提出科学的车辆加载实施方案。最后,探讨了钢管混凝土系杆拱桥的吊杆更换理论与方法,提出了新的荷载传递效率计算公式,并在田口方法指导下设计了稳健的吊杆更换施工方案。

本书为桥梁工程领域提供了新的理论与方法支持,不仅在吊杆更换和损伤识别方面取得了重要突破,而且为实际工程中的健康监测与维护提供了实用的技术指导,具有重要的学术价值和工程应用前景。

图书在版编目(CIP)数据

拱桥吊杆损伤识别及更换方案设计 / 全辉著 . 郑州 : 黄河水利出版社, 2025. 3. -- ISBN 978-7-5509-4164-9

Ⅰ. U448.221

中国国家版本馆 CIP 数据核字第 2025M7R075 号

责任编辑 王燕燕　　责任校对 鲁 宁
封面设计 黄瑞宁　　责任监制 常红昕
出版发行 黄河水利出版社
地址:河南省郑州市顺河路 49 号　邮政编码:450003
网址:www.yrcp.com　E-mail:hhslcbs@126.com
发行部电话:0371-66020550
承印单位 河南新华印刷集团有限公司
开　　本 850 mm×1 168 mm　1/32
印　　张 5.125
字　　数 134 千字
版次印次 2025 年 3 月第 1 版　　2025 年 3 月第 1 次印刷
定　　价 48.00 元

前　言

拱桥作为桥梁工程的重要类型之一,因其优美的外观和优良的力学性能而被广泛应用。然而,随着时间的推移和荷载条件的变化,拱桥在使用中不可避免地会遭遇各种损伤,尤其是吊杆作为系杆拱桥中承载和稳定结构的关键组件,其健康状况直接影响到桥梁的整体安全性和使用寿命。因此,对拱桥吊杆的损伤识别与更换方案的研究显得尤为重要。

国内外对拱桥吊杆病害的研究已有了一定的积淀,但在吊杆的损伤识别和更换方案设计方面,仍然存在较大的提升空间。传统的检测方法多依赖于人工巡检和常规的物理测量,在复杂环境条件下,难以满足高精度、高效率的监测需求。随着现代科技的发展,尤其是传感器技术、数据分析和有限元分析等方法的进步,为实现拱桥吊杆损伤实时监测与智能化识别提供了新途径,进而可以极大程度地提高对拱桥结构状态的识别能力,以保障桥梁的安全运行。

在此背景下,本书深入探讨了拱桥有限元模型的修正、吊杆的损伤识别方法以及吊杆更换的施工控制方案,力求在理论研究与实际应用的结合上实现创新,并为拱桥的安全管理和维护提供有力的技术支撑。通过有效的损伤识别和科学的更换方案设计,不仅可以提升拱桥的运行效率,而且能为社会经济的发展提供更加安全可靠的交通基础设施保障。

本书的第 1 章简要介绍了拱桥吊杆常见病害以及吊杆损伤识别和更换的研究现状;第 2 章重点分析了有限元模型的修正方法,以便为后续吊杆的损伤识别及更换方案设计提供基础;在第 3 章中,探讨基于应变影响线和位移影响线的损伤识别方法及其算例验证过程;第4章和第5章详细研究了吊杆更换施工的控制方法及稳健性设计方案;第6章通过具体的工程实例,以验证研究成果的实际应用价值。

由于时间和水平有限,书中难免存在不足之处,恳请读者批评指正。

作　者

2025年2月

目　录

第1章 绪 论

1.1 概 述

拱桥在世界文明史上历史悠久,也是中国最常使用的桥梁结构形式之一。目前,国内外已建成了种类繁多、结构新颖的拱桥。其中,钢管混凝土拱桥由于具备以下优势而被广泛使用:

(1)承载能力大,跨越能力强。钢管的套箍作用约束了核心混凝土的径向变形,从而增大了混凝土的抗压能力。

(2)施工便捷。钢管可直接作为混凝土浇筑的模板,能够极大地提升施工效率;钢管混凝土拱肋的重量不大,运输成本不高。

(3)经济性好,综合效益高。在承载能力相同的条件下,钢管混凝土较纯钢结构可节约一半的用钢量和防火涂料。

世界上第一座钢管混凝土拱桥建成于20世纪30年代,位于现俄罗斯乌拉尔地区的一条铁路线上,在建成后的半个多世纪里,世界上没有新建大跨度钢管混凝土拱桥的案例。直到20世纪90年代,国外修建了许多钢管混凝土拱桥,如法国的Antrenas桥、西班牙的Arco del Escudo桥、美国的Damen Avenue桥、越南的Hoang Van Thu桥和日本的新西海大桥等,钢管混凝土技术在桥梁工程领域才得以进一步发展。

中国于20世纪90年代初建成了国内第一座钢管混凝土拱桥——四川旺苍东河大桥,为同类型桥梁的建设积累了宝贵的经验。1991—1997年,国内在建和建成的钢管混凝土拱桥有40座左右,截至2017年,该数量已超过400座。钢管混凝土拱桥在今后很长的一段时间内都将是我国最主要的桥型之一。常见的钢管混凝土拱肋断面形式如图 1-1 所示。

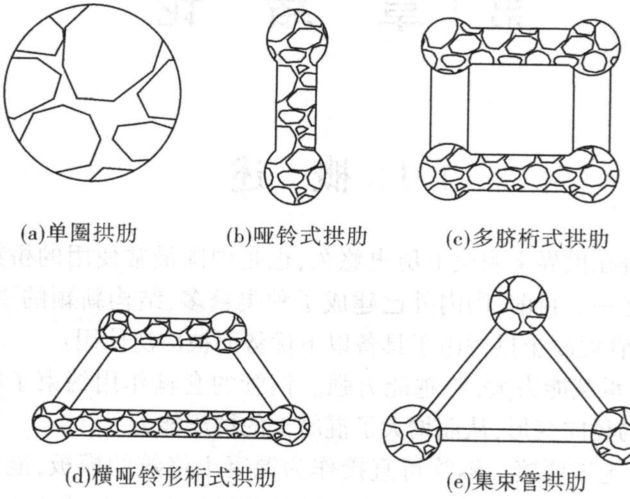

图 1-1　钢管混凝土拱肋断面形式

吊杆是中、下承式系杆拱桥结构的主要受力构件。由于拱桥的受力特点和复杂的环境作用等,吊杆在使用过程中可能产生多种病害,如锚具积水、锚头锈蚀、倾斜错位和钢索断丝等。结合工程经验可知,这些病害一方面降低了吊杆的使用寿命;另一方面,若不能及时发现并更换受损结构,将可能引发严重的桥梁事故,如福建武夷山公馆桥和四川攀枝花倮果金沙江大桥及重庆綦江彩虹桥都发生了桥面坍塌事故,如图 1-2 所示。但是,由于早期对拱桥吊杆的可更换设计及更换施工方法考虑不足,增加了运营期拱桥吊杆更换施工的难度。

(a)福建武夷山公馆桥

(b)四川攀枝花倮果金沙江大桥

图 1-2 桥面坍塌事故

(c)重庆綦江彩虹桥（坍塌前）

(d)重庆綦江彩虹桥（坍塌后）

续图 1-2

由于拱桥病害不易识别、结构体系复杂等，仅凭经验难以建立精确度较高的有限元模型，极大地限制了有限元法在吊杆更换施工中的应用，不利于制订安全可靠的吊杆更换施工方案。此外，由于吊杆更换施工涉及桥梁结构体系的转化，为保证结构安全，通常在封闭交通的条件下进行施工。然而,频繁中断交通将会引发区域交通的拥堵问题,影响人们的日常出行,也不利于吊杆更换施工理论与技术的发展。

桥梁结构是道路交通运输中不可或缺的一部分,交通荷载以及恶劣环境的长期影响会导致桥梁自身结构老化和使用寿命大大降低。及时对这些结构进行检测和维护,可极大地避免发生严重的灾难。因此,桥梁结构健康监测对于保证桥梁结构在其使用寿命中的安全性能具有十分重要的意义。

据不完全统计,我国已建成了数百座拱桥,其中系杆拱桥占大多数。早期修建的钢管混凝土拱桥已陆续运营了多年,这些拱桥亟须进行涉及吊杆更换的养护工作,但相关的研究还略显不足。由于前期对拱桥吊杆损伤精确识别研究尚不充分,所以损伤吊杆未及时更换引发的桥梁事故时有发生。因此,对吊杆损伤进行精准识别及精确评价,及时发现将要失效的吊杆,并研究吊杆更换的施工方法,对有效保证桥梁运营安全具有十分重要的理论及实践意义。

1.2 拱桥吊杆病害研究现状

吊杆是系杆拱桥的主要受力构件之一,通常由钢绞线或高强钢丝制作而成,在强度方面通常具有较大的安全系数。但是,在复杂交通及环境的长期作用下,吊杆保护层和锚具容易出现破损腐蚀的病害,而吊杆也会出现应力疲劳的现象。

由于吊杆直接暴露在空气中,其表面需要涂刷保护层,但随着车辆冲击、雨水冲刷和温度骤变等作用效应的长期积累,其保护措施容易失效,例如锚具积水不能及时排出而引发关键结构锈蚀;PE 保护层开裂导致内部钢丝锈蚀失效。如果不能及时地发现并处理这些病害,吊杆的实际使用寿命将极大地缩减。因此,总结吊杆的常见病害,研究更为精确的检测方法,从而制定出吊杆是否需要进行更换施工的客观标准,应是下一步研究的重点。本书接下来仅对吊杆更换的常见原因进行总结。

钢管混凝土系杆拱桥的吊杆由钢索、锚具和防护材料3部分组成,根据多年的检测经验可以总结出以下几个方面的拱桥吊杆的常见病害。

1.2.1 保护层鼓包及开裂、锚头锈蚀和锚具积水

锚具和防护结构作为直接与环境空气接触的构件,最容易产生病害,如图1-3和图1-4所示。此类病害在长期运营的系杆拱桥中普遍存在。

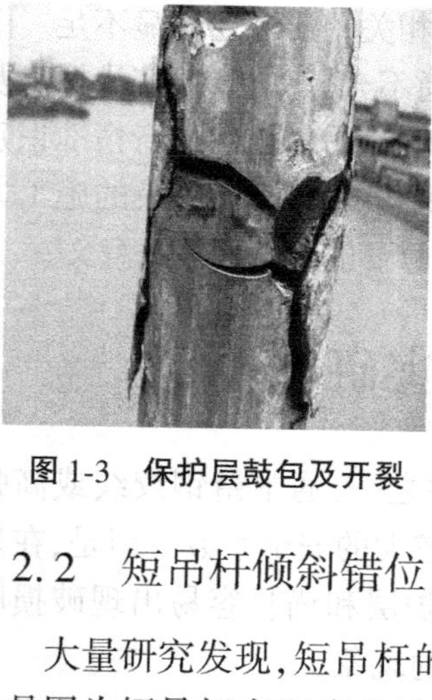

图1-3 保护层鼓包及开裂

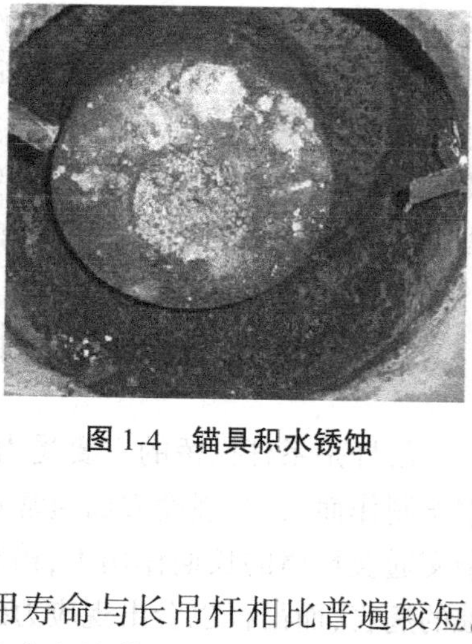

图1-4 锚具积水锈蚀

1.2.2 短吊杆倾斜错位

大量研究发现,短吊杆的使用寿命与长吊杆相比普遍较短。这是因为短吊杆在温度和汽车制动力的作用下容易发生倾斜错位,产生应力集中现象,造成结构破坏,如广州丫髻沙大桥短吊杆普遍存在倾斜现象,吊杆上端减震体挤压严重。有研究表明,在相同荷载作用下,短吊杆比长吊杆承受的冲击荷载大得多,甚至可达2倍以上。四川宜宾金沙江南门大桥、新疆库尔勒孔雀河大桥均是由于凌晨温度较低时短吊杆失效,最终发生坍塌事故,如图1-5

和图 1-6 所示。

图 1-5　四川宜宾金沙江南门大桥

图 1-6　新疆库尔勒孔雀河大桥

1.2.3　钢索锈蚀或断丝

吊杆更换的直接原因是钢索的使用寿命达到极限,而钢索的病害和应力幅是影响钢索寿命的两大因素,李晓章对吊杆腐蚀的机制进行了详细的描述;徐同辰分析了桥面不平整度、伸缩缝、车速和增设纵向联系对吊杆应力幅的作用,并对吊杆疲劳寿命进行了分析。环境荷载、索体结构和防护手段等对吊杆寿命的影响较大,相关研究有待进一步开展。

钢索常见病害如图 1-7 和图 1-8 所示。这类病害一旦出现,必须进行吊杆更换施工,但在保证锚具和防护结构有效的前提下,可有效避免相关病害的发生。

图 1-7　钢索锈蚀

图 1-8　钢索断丝

1.2.4　其他病害

拱桥吊杆的其他病害包括吊杆外包 PE 层着火、防护钢管内灌浆不密实导致积水等。例如,东莞市鸿福大桥由于施工不当,吊杆外包PE层燃烧损坏，进行了吊杆更换施工。

根据工程经验可知，吊杆的实际使用寿命通常低于预期寿命。我国规范规定吊杆的设计使用年限为20年，但吊杆的实际寿命通常不超过15年；美国的Sunshine Skyway大桥原计划25年寿命的拉索，仅服役3~5年就失效拆换；Pasco-Kennewick桥仅服役5年就被迫换索。仅依据规范规定的维修养护频率或吊杆的预期寿命进行吊杆更换施工，显然难以保证拱桥的正常运营。因此，深入开展更加准确、迅速地识别吊杆损伤的研究并及时更换带“病”吊杆是十分必要的。

1.3 拱桥吊杆损伤识别研究现状

近年来，专家学者围绕桥梁结构损伤识别开展了系列研究工作，桥梁损伤识别方法主要分为基于结构动力响应和基于结构静力响应两个方面。

基于动力参数的损伤识别方法有频响函数法、固有频率法、应变模态法等，这些方法对于整体识别效果良好，但是容易受到噪声干扰，受温度等环境影响较大，对于系杆拱桥吊杆的局部损伤识别效果不够显著。基于静力参数的损伤识别方法主要通过测取静力荷载作用下的结构位移、转角以及应变等参数与原数据进行对比分析达到损伤识别的目的，其中基于影响线的损伤识别方法有挠度影响线、转角影响线、支座反力影响线和应变影响线等方法，这些方法避免了布置大量传感器的琐碎工作，同时数据处理也相对简单，不仅能精确识别局部损伤，而且具有可靠性强、准确性好、稳定性高的优点。桥梁影响线作为桥梁的静力特性，包含着桥梁结构的大量信息。影响线的变化可以直接反映桥梁的力学响应并实现损伤位置定位。

现有针对拱桥吊杆结构损伤识别研究中，基于静力参数的影响线损伤识别方法可以有效识别系杆拱桥结构的损伤位置。应变作为结构受力状态的一个局部性指标，是局部损伤识别的一个重要指标。Chen 等根据传统的应变影响线理论推导出一种基于长应变影响线的识别方法。Yang 等以应变影响线差值作为表征损伤前后的正则化指标，将其用于定位损伤位置、定量损伤程度。周宇等提出基于应变影响线曲率的梁式子结构损伤识别方法。Wu 等针对移动车辆荷载作用下基于分布式宏观应变包络线的公路桥梁快速评估方法进行了参数化研究。上述学者在结构原理和应变影响线损伤识别方面的研究成果为开展拱桥吊杆应变影响线损伤识别研究奠定了夯实的理论基础，但将应变影响线应用于拱桥吊杆损伤识别的研究还有待开展。

近年来，基于影响线变化的损伤识别方法已经得到迅速发展。同时，影响线被广泛应用于桥梁力学性能评估、桥梁动态称重和模型修正等各种桥梁工程领域。基于准静态移动荷载的施加方式在桥梁影响线损伤识别中应用更为广泛。这种荷载施加方式不仅与通过桥梁车辆的实际情况非常相似，而且影响线识别的精度和效果较好且所需传感器数量相对较少。例如，He 等提出了一种利用准静态移动荷载引起的位移响应来量化梁结构损伤的方法，同时系统地分析了损伤参数与位移影响线相关特征之间的对应关系。Chen 等提出了一种利用移动荷载引起的响应识别应力影响线的损伤定位方法，并通过悬索桥的实例验证了该方法的有效性。先前学者们的研究已经进行了理论模型探究、数值模拟分析、实验室测试试验以及相关实际工程试验，从多角度证实了基于影响线的损伤检测方法具有良好的应用前景。与此同时，学者们也通过一系列研究验证了通过各种算法从移动车辆引起的桥梁动态响应中提取影响线数据的可行性。

目前，由于桥梁吊杆或缆索的损伤一般在内部且不可见，应采用非破坏性的检测方法或桥梁健康监测系统对吊杆进行监测及损伤识别。现有研究中，针对系杆拱桥吊杆的损伤识别方法包含但不局限于基于索力测量技术、无损检测技术以及智能算法识别等。然而，目前的损伤检测方法存在成本高、局部损伤检测、损伤量化困难和噪声等问题。Lin 等将静态和动态虚拟变形方法应用于有限元模型中吊杆的损伤识别，数值结果表明，所提出的方法能够识别损伤的位置和损伤程度。陈淮等根据摄动有限元法原理，提出了基于测点间位移差的变化进行吊杆损伤识别的方法。吊杆作为拱桥结构中的局部构件，采用对局部性指标识别性能更好的力学响应相关指标可能会具有更好的识别效果。

1.4　拱桥吊杆更换研究现状

由于早期对拱桥吊杆寿命认识的不足，截至 2005 年修建的拱桥吊杆多被设计为永久结构的一部分，即具有不可更换性。但由于吊杆的实际使用寿命远低于桥梁的设计基准期，为保证拱桥的使用性能和安全性，必须更换失效吊杆，由此产生了很多问题，如合阳嘉陵江大桥在建设期就对防护钢管内压注水泥浆，使钢绞线与水泥浆成为整体，但在吊杆更换时需要将原钢绞线取出，这增大了施工难度。对于不可更换吊杆，可采用在原吊点处增设具有足够承载能力的可更换吊杆的方法进行加固改造。

近年来，随着吊杆可更换设计理念的传播，有关系杆拱桥吊杆更换的研究得以开展。本节以可更换吊杆为研究对象，从拱桥吊杆更换的工程案例、吊杆索力置换过程研究以及吊杆更换施工方法研究 3 个方面进行论述。

1.4.1　拱桥吊杆更换的工程案例

国内部分吊杆更换的工程案例如表 1-1 所示。

表 1-1　国内部分吊杆更换的工程案例

桥梁名称	拱桥形式	吊杆更换方法	运营年限/年	更换年份
刘江黄河大桥	下承式	临时吊杆法	16	2020
铜瓦门大桥	中承式	临时吊杆法	14	2016
虞新线南桥	下承式	临时吊杆法	12	2013
合阳嘉陵江大桥	中承式	拱肋兜吊法	10	2013
山前大桥	下承式	拱肋兜吊法	13	2013
琼州大桥	下承式	拱肋兜吊法	10	2013
北澄子河大桥	下承式	拱肋吊杆法	8	2012
长兴港大桥	下承式	临时吊杆法	11	2011
健跳大桥	中承式	钢导梁兜吊法	10	2011
杭州塘大桥	下承式	临时吊杆法	11	2011
州河大桥	中承式	临时吊杆法	10	2010
三山西桥	中承式	拱肋兜吊法	15	2010
解放大桥	中承式	拱肋兜吊法	13	2009
群益大桥	中承式	临时吊杆法	10	2009
蒲庙大桥	中承式	拱肋吊杆法	12	2004、2008
叶青兜桥	下承式	临时吊杆法	11	2005
新龙坳拱桥	中承式	临时吊杆法	10	2004
邕江大桥	中承式	临时吊杆法	8	2004

续表 1-1

桥梁名称	拱桥形式	吊杆更换方法	运营年限/年	更换年份
流溪河水库彩虹桥	中承式	钢导梁兜吊法	14	2004
鸿福大桥	下承式	临时支架法	0	2003
旺苍大桥	下承式	拱肋兜吊法	13	2003
寿春路桥	中承式	临时吊杆法	14	2002
文惠桥	中承式	拱肋兜吊法	12	2002
漪汾桥	中承式	临时吊杆法	7	1999

由表 1-1 可知,除特殊情况(如东莞鸿福大桥由于施工不当,吊杆外包 PE 层燃烧损坏,为保证安全,运营前即进行了吊杆更换)外,吊杆的正常运营年限均在 15 年以内,普遍少于规范规定的 20 年设计使用寿命。

国外有关钢管混凝土拱桥吊杆更换的研究不多,但对斜拉桥拉索更换的研究已较为成熟,由于拱桥吊杆的力学行为与斜拉桥拉索相近,吊杆更换可借鉴拉索更换的工程经验。国外已更换拉索的斜拉桥如下:

(1)1962 年建成于委内瑞拉的 Maracaibo 桥,在环境荷载的作用下,钢索锈蚀严重,因此在 1979—1981 年耗资 5 000 万美元更换了全桥共 384 根拉索。

(2)1978 年建成于美国的 Pasco-Kennewick 桥,将聚氟乙烯条带缠绕在聚乙烯管外以控制温度效应,但在紫外线的照射下,设计寿命为 25 年的吊索仅使用了 5 年就全部失效。

(3)1967 年建成于英国的 Wye 桥,运营后发现实际通行量超过了设计通行量的 60%,为满足使用要求,最终将单索面更换成双索面。

1.4.2 拱桥吊杆索力置换过程研究

蒋国富提出了一种吊杆索力置换过程中桥面位移的简化计算方法,该方法能准确地计算出吊杆更换过程中的桥面位移;聂磊分析了吊杆更换施工过程中吊杆力的置换过程,并且建立了计算各级索力的数学模型,基于此研究了旧吊杆索力与临时吊杆索力之间的相互转换关系,然后提出了提高二次索力等效置换效率的优化方案;余睿通过分析等步长和非等步长张拉条件下的桥梁响应,制订出了非等步长的吊杆更换施工优化方案,并且基于 BP 神经网络模型准确预测出了桥梁换索过程中吊杆的索力和挠度变化值;余章龙在更换吊索时发现临时吊索张拉力远大于旧吊索索力,原因是临时吊索的荷载传递效率受到桥梁整体刚度和吊索更换方法的影响;陈双聪也发现了该现象,并基于有限元法证明了采用临时吊杆法施工时的荷载传递高于桥面支撑法;在此基础上,李浩师提出了差值法的索力置换方案,即吊杆索力的张拉比例、卸载比例不同,有效解决了旧吊杆索力卸载不足的问题。

1.4.3 拱桥吊杆更换施工方法研究

吊杆更换方法分为替代性和非替代性两种,各方法的特点如表 1-2 所示。替代性方法包括临时吊杆法、拱肋兜吊法、钢导梁兜吊法及临时支架法。临时吊杆法与拱肋兜吊法的原理基本相同,即采取临时结构等效替代旧吊杆索力,待更换吊杆位置的桥面荷载借助临时结构传递至上锚头附近的拱肋位置,全桥受到的影响较小,采取内力和线形作为控制指标;钢导梁兜吊法与临时支架法在吊杆更换过程中拱肋的内力变化稍大,以线形控制为主、内力控制为辅,所不同的是,临时支架法是借助支架承担桥面系的荷载,而钢导梁兜吊法是利用相邻吊杆承担荷载,如图 1-9 ~ 图 1-12 所示。

表 1-2　各种施工方法的特点

施工方法		优点	缺点
临时吊杆法		a. 对结构影响最小； b. 安全性高； c. 经验丰富	a. 高空作业多； b. 需要安装、张拉、卸载和拆除多根临时吊杆，施工速度较慢
临时兜吊法	拱肋兜吊法	a. 施工速度快； b. 高空作业较少； c. 对结构影响小； d. 安全性高	a. 钢丝绳索力难以控制； b. 钢丝绳易划伤拱肋表面； c. 拱肋要加设捆绑钢丝绳设施
	钢导梁兜吊法	a. 高空作业少； b. 施工速度较快； c. 受力明确	a. 拱肋及相邻吊杆应力重分布； b. 对桥面系要求高
临时支架法		a. 支架施工经验丰富； b. 施工简单	a. 梁底要满足搭设支架的条件； b. 施工速度慢； c. 拱肋及相邻吊杆应力重分布
桥面支撑法		a. 无辅助设施； b. 施工简单； c. 省时省力； d. 经济性好	a. 对桥梁安全富裕度要求较高； b. 拱肋及相邻吊杆应力重分布； c. 工程经验不足

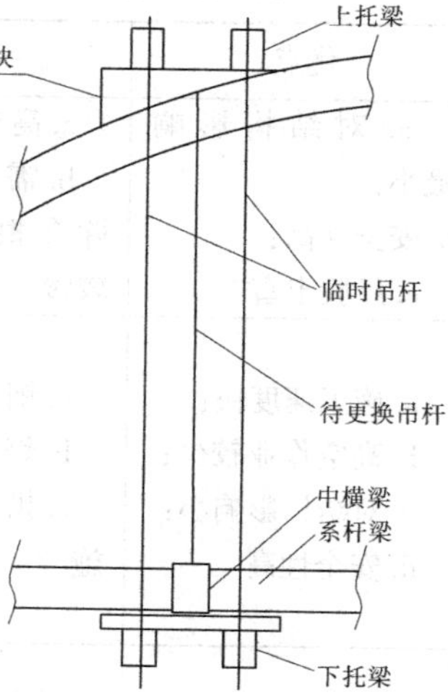

图 1-9 临时吊杆法

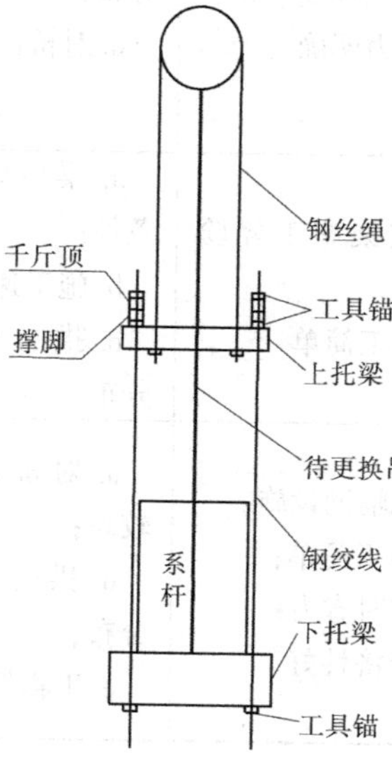

图 1-10 拱肋兜吊法

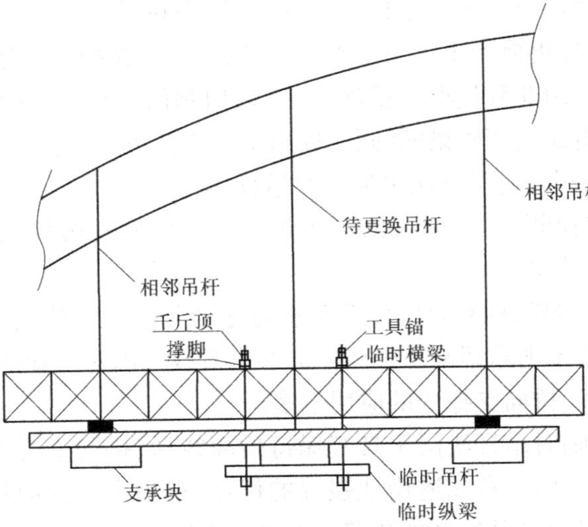

图 1-11　钢导梁兜吊法

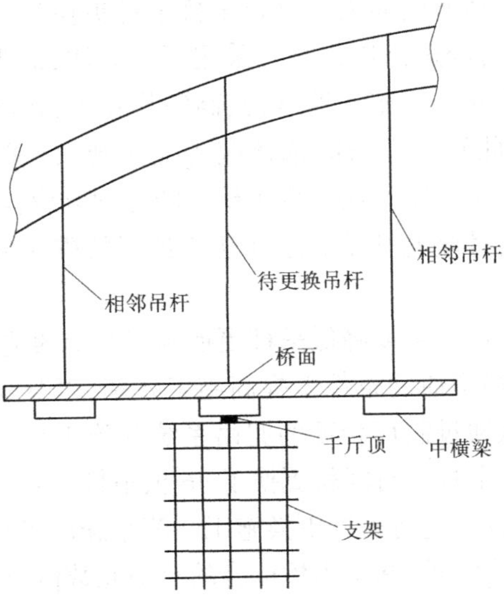

图 1-12　临时支架法

非替代性方法主要指桥面支撑法，利用桥梁自身的刚度和强度，抵抗吊杆更换产生的不利影响，采用线形作为控制指标。邹彦兵考虑到采用非替代性更换法时，直接切割吊杆势必会引起较大的瞬态冲击而破坏桥梁的问题，提出了超张拉吊杆法：

(1)采用临时吊杆法更换一对吊杆。

(2)更换剩余吊杆时，依次超张拉已更换的新吊杆以卸载相邻待更换吊杆的索力。

(3)分步切割旧吊杆，使残余索力逐渐分散到其他受力构件，从而减小甚至消除切割吊杆产生的冲击荷载。因对桥梁的健康状况要求较高，桥面支撑法的应用不多。

其中，临时吊杆法由于具有保持桥面线形、拱肋受力变化小、安全性高、经验丰富和适用性强等的优点，得到了广泛应用，该方法不仅适用于单根吊杆的更换(如常熟市虞新线南桥、东瓯大桥等的单根吊杆更换)，还适用于全桥吊杆更换(如寿春路桥、长兴港大桥、群益大桥和蒲庙大桥进行全桥吊杆更换)。但是，在一些工程案例中没有经过比选便直接采用了该方法，而当桥梁状况较好时，使用该方法不仅施工速度慢、高空作业多，还将浪费大量的人力、物力，因此施工方法的选择应更加客观、合理。例如，李磊磊、苏小妹等基于有限元法计算了桥梁的力学响应，经比选得出了最佳施工方案；孙晓龙基于有限元法论证了特殊条件下非替代性方法的可行性。

同时，为了最大限度降低吊杆更换施工对交通造成的影响，一方面可以在中断交通的条件下提高施工效率，以减少交通中断的时间，如向宝城通过制订合理的兜吊系统和施工组织方案加快了工程进度，约 2 个月的时间就更换了 46 根吊杆；另一方面，可以在开放交通的条件下进行吊杆更换施工。苏小妹以黑石铺湘江大桥维修加固工程为背景，基于车桥耦合的有限元数值分析方法，在不中断交通的情况下对拱肋兜吊法和钢导梁兜吊法进行了研究和比较。苏佳乐在不中断交通的条件下对汕头海湾大桥进行了吊索更换,且仅用了不到 3 个月的时间就更换了全桥吊索。

目前,对于是否需要更换拱桥吊杆、采用何种施工方法最合适,以及控制指标的取值等问题,尚缺乏统一的规范和标准。在采用递推公式计算吊杆索力之前,首先需要计算出荷载传递效率,而荷载传递效率的计算成本较高,通常基于精确有限元模型或工程试验计算得到,这直接限制了吊杆索力计算公式在吊杆置换过程中的应用。同时,因在吊杆更换施工过程中涉及拱桥结构体系的转换,为保证结构的安全性,现有工程实例主要采取了封闭交通的管控措施,而在开放交通条件下对拱桥进行吊杆更换施工的研究相对不足。为尽量减少吊杆更换施工对交通造成的干扰,不封闭或短期封闭交通是吊杆更换施工的研究方向。

第2章 拱桥有限元模型的修正方法

2.1 有限元模型修正技术

有限元法是工程结构分析的主要方法之一,受到计算假定、模型简化、施工质量以及荷载作用和环境侵蚀等因素的影响,数值模型与实际结构不可避免地存在着差异,导致有限元模型不能反映出结构的真实受力状况。因此,需要根据现场测试结果对有限元模型进行修正,模型修正是将有限元法真正地应用于工程实际中的关键环节。早期模型的修正主要为矩阵型修正,即直接修正结构的刚度矩阵和质量矩阵,该方法改变了模型的物理意义。目前,多采用参数型修正方法,即对具有实际物理意义的设计参数(如弹性模量、容重)进行修正,将实测值和计算值的差值函数作为目标函数,经过分析得到目标函数最小时各设计参数的取值。然后在模型中更新这些参数,此时模型计算值与实测值最为接近,且参数修正过程具有明确的物理意义。随着研究工作的不断开展,现有动力修正法、静力修正法和静动力修正法等多种类型的修正方法。

有关动力修正法的研究起步最早,其修正参数主要为频率、振型等动力数据。但该方法存在着一些不足,如桥梁的动力特性受环境作用的影响较大,测试时要时刻注意降低噪声因素的干扰;结构的阻尼比、质量等参数难以测量;动力修正模型通常用于结构的动力分析,而在分析结构的静力特性时使用较少。

静力修正法具有测试数据精度高、受噪声干扰小和测试速度快等优点,修正参数主要为挠度、静态应变等,由于测试方法成熟、测量精度高,基于静力的模型修正方法较动力修正方法更为可靠、高效。但该方法也存在着明显的不足,如需要中断交通。

在模型修正的过程中,为了建立更接近实际的有限元模型,应最大限度地利用桥梁的静、动载测试数据,但静力修正法和动力修正法在不同的方面存在着缺陷,研究兼具两者优点的静动力修正方法,是模型修正技术研究的热点问题。彭涛提出了一种基于多目标优化算法的静动力模型修正方法,在构造静动力目标函数的基础上,采用带精英策略的快速非支配排序遗传算法对模型进行多目标优化修正,并将该方法应用于某公路斜拉桥中,得到了与实测值吻合较好的有限元模型;梁鹏提出了一种基于加权 Kendall 相关系数和序贯代理模型的有限元模型修正方法,解决了传统一次性代理模型法在构造代理模型过程中产生的欠采样或过采样问题,提高了试验设计样本的利用率和模型的修正效率,并将该方法应用于某斜拉桥中,将模型静力、动力响应的平均误差由 5.56%、8.43%降低至 1.87%、3.41%。但是,由于静动力数据的类型、量值和重要程度等差别较大,目标函数的权重分配问题还有待进一步研究。

此外,传统的模型修正方法一般都是通过有限元模型来表达输入与输出变量的关系,需要反复修改模型参数并重新计算。为提升修正效率,同时避免模型修正过程中出现难以收敛的问题,基于响应面法的模型修正技术已逐渐成为研究的重点,模型修正流程如图 2-1 所示。许世展基于中心复合响应面法对某无背索斜拉桥进行了模型修正,解决了节段施工混凝土结构中因节段间差异性较大而导致的模型与实际不符的问题;冀伟提出了响应面法和 Fmincon 算法相结合的桥梁有限元模型修正方法,并将该方法应用于波形钢腹钢箱-混凝土组合箱梁桥的有限元模型修正中,简化了模型修正流程,且提高了计算收敛速度和模型修正精度;Cheng 分析比较了响应面法、支持向量机回归法和径向基函数神经网络法 3 种基于代理模型的有限元模型修正方法的修正效率,同时分析了中心复合设计抽样和 Box-Behnken 设计抽样两种抽样方法对模型修正精度的影响,研究结果表明抽样方法对模型修正精度的影响较大,而代理模型类型的影响不显著;Xia 提出了一种将改进粒子群算法与响应面法相结合的模型修正方法,提高了多参数优化时代理模型的收敛速度,并基于该方法修正了某斜拉桥的前五阶基频、振型和典型点的挠度,修正模型的计算值与实测值具有较好的一致性。

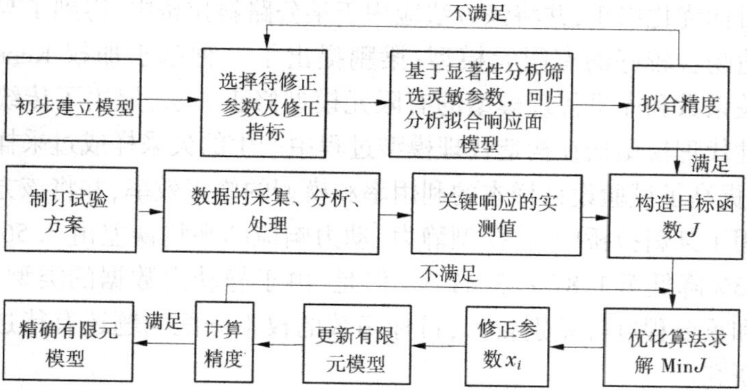

图 2-1　基于响应面法的有限元模型修正流程

目前,基于静动力响应面法的有限元模型修正技术因能够充分利用桥梁的静、动载试验数据而得到广泛应用。但是,这种方法在钢管混凝土系杆拱桥有限元模型的修正方面还未得到普遍重视;在构造目标函数时,权重系数通常取 1 或 2,缺乏较为统一的标准,并且由于拱桥静力、动力指标的单位及量级的不同,仅依据工程经验难以赋予各参数以合适的权重系数。因此,为建立包含钢管混凝土系杆拱桥静、动力响应的精确有限元模型,以精确指导吊杆更换施工,基于静动力响应面法的拱桥模型修正技术的研究有待开展。

2.2　拱桥模型建立的重要问题

拱桥病害主要有吊杆锚具锈蚀及脱落、混凝土结构开裂及钢筋锈蚀和拱肋脱空等。为进行吊杆更换施工的全过程模拟,有限元模型应尽可能精确地模拟出实际桥梁状况,从而能够更加精准地指导施工设计。在本章中,将基于某座拱桥的设计资料初步建立拱桥的有限元模型,然后基于检测数据进行模型的修正。

采用有限元法建立钢管混凝土拱桥模型时,需要考虑如下问题:

(1)由于钢管对轴心混凝土的套箍作用,混凝土的抗压强度有一定提升,因此拱肋结构的强度并非钢材与混凝土的简单叠加。

(2)采用替代法进行吊杆更换施工时,吊杆力的等效施加方法。

(3)吊杆两端的约束条件。

(4)拱肋混凝土的收缩徐变效应。

(5)钢管与轴心混凝土温度系数不同引起的热效应。

(6)在长期运营状态下,受实际条件所限不能准确获取拱桥结构的损伤状况(如拱肋混凝土脱空、混凝土开裂和吊杆锚头进水等问题),即在检测信息不足的情况下模型的修正问题。

2.2.1　拱肋单元计算假定

拱肋是拱桥最重要的结构之一,对拱桥承载能力的影响较大,钢管混凝土拱桥最大的特点就是钢管与混凝土的协同作用提升了桥梁结构的整体性能。拱肋是钢管与混凝土组成的复合结构,准确模拟拱肋是模型建立的重点和难点。根据模拟方法的不同,混凝土拱肋的单元类型主要分为 3 种,即换算单元模型、整体式模型和双单元模型。

(1)换算单元模型是根据刚度等效的原则,将钢管的面积换算为混凝土的面积,或将混凝土的截面面积换算成钢管的面积进行计算的方法。在使用换算截面法对钢管混凝土组合结构进行有限元模拟分析时,一般有以下基本假定:

①钢管和混凝土间无相对滑移和变形,黏结良好;

②拱肋从混凝土填充直到破坏,各阶段平截面假定成立;

③在变形前后,截面形状、面积保持不变。

在模拟计算中广泛采用的是换算截面法。换算截面法是根据拉压刚度等效的原则,将钢管的面积换算成混凝土的面积,或者将混凝土的截面面积换算成钢管的面积进行计算的方法。截面换算公式为

$$n = E_s / E_c \tag{2-1}$$

$$A = A_c + nA_s \tag{2-2}$$

$$A' = A_s + A_c / n \tag{2-3}$$

式中 A_s、A_c——钢管、混凝土截面面积;

E_s、E_c——钢管、混凝土弹性模量;

A——将钢管换算成混凝土后的截面面积;

A'——将混凝土换算成钢管后的截面面积。

在换算截面后,根据截面抗弯刚度和抗压刚度等效的原则,计算换算截面的截面特性,钢管混凝土结构的等效截面刚度计算公式为

$$EA = E_s A_s + E_c A_c \tag{2-4}$$

$$EI = E_s I_s + E_c I_c \tag{2-5}$$

式中 A_c、I_c—— 钢管内混凝土截面面积、惯性矩;

A_s、I_s—— 钢管截面面积、惯性矩;

E_c、E_s—— 混凝土和钢材的弹性模量;

E—— 钢管混凝土的等效强性模量；

I—— 钢管混凝土的等效惯性矩。

(2)整体式模型是将拱肋视为单一材料组成的结构，该方法使用较少。

(3)双单元模型是将拱肋视为组合结构，首先计算出两种结构的材料及截面特性，然后采用共用节点的方式分别建立钢管及混凝土双单元，以叠加组合结构的刚度。

换算截面法虽然具有经验丰富、精度较高的特点，但该方法只能得到拱肋截面的平均应力，而无法得到表面钢管的应力，这与粘贴表面应变计的检测方法不匹配。鉴于此，本书建立施工阶段联合截面以模拟拱肋单元，这种方法假定钢管与混凝土之间完全接触且不存在滑移，类似于双单元模型，且建模流程更为简单。

2.2.2　吊杆力的施加方法

工程中常采用割断待更换吊杆一定截面面积(钢丝数量)的方式以等效实现索力的定量卸载。模拟该过程时常采用施加反对称节点荷载以等效替换加载、卸载效应，这种方法存在以下问题：张拉临时吊杆时，待更换吊杆索力值将被部分取代(此时待更换吊杆索力记为 F_1)，因此割断吊杆所释放的索力值应在 F_1 的基础上进行折减计算；同理，在割断待更换吊杆的过程中，卸载待更换吊杆的索力值也将增大临时吊杆的索力值。

然而，在使用节点荷载替代临时吊杆索力的方法时，未完全考虑卸载待更换吊杆索力对临时吊杆的影响，这导致索力替代过程中的模型分析结果不够精确；使用反对称节点荷载进行待更换吊杆索力卸载的方法时，虽然具有操作简单的优点，但不能直接得到索力模拟值；采用节点荷载对吊杆索力进行替代时，忽略了临时施工结构(如临时吊杆、钢导梁)的材料和尺寸特性,模型计算结果的精度难以保证;采用在待更换吊杆两端的节点位置施加节点荷载以模拟张拉临时吊杆和卸载待更换吊杆的方法,导致模型的索力替代效果过于理想,计算结果失真。同时,采用该方法时常根据公式计算索力值,然后输入计算模型中进行分析,这缺少了有限元模型对索力变化进行计算及复核的过程,不利于吊杆更换施工方法的理论发展。

此外,通过调整截面刚度系数以修改吊杆截面面积的方法,虽然能更加直观且真实地模拟实际工况,但基于该方法模拟时需要进行非线性分析,而拱桥等复杂体系桥梁的非线性收敛又比较困难,这种方法的应用难度较大。

体外力的索力施加方式可以较方便且准确地控制吊杆索力,因此采用该方法研究拱桥吊杆更换施工过程具有较大优势。体外力即将初拉力加载在单元两端,施加初拉力的一瞬间,当结构、边界和其他荷载均不发生变化时,单元的拉力就等于初拉力,单元两端的锚固条件对单元拉力没有影响。然后,初拉力将以变形的方式加载在单元上,单元的最终拉力与单元两端的锚固条件有关,即两端完全锚固时,单元的拉力等于初拉力;当两端完全自由时,单元的拉力等于0。这种索力施加方法在有限元模型的基础上综合考虑了拱桥的特征信息,赋予了临时施工结构(钢导梁、临时吊杆等)在模型计算中的意义;在公式计算值的基础上,有限元模型将根据结构特征重新计算吊杆索力,即能够得到模型索力值,使索力计算结果更加精确、直观。

2.3 拱桥有限元模型的修正研究

由于实际结构的材料及几何特性的不确定性,拱桥的实际参数与设计参数存在着一定的偏差;同时,在拱桥运营期产生的病害

(如混凝土开裂、锚头的锈蚀和拱肋的脱空等)均会改变拱桥的结构特性。受限于实际测试条件,难以获取较为全面的测试数据,这导致实测数据产生的误差对模型修正造成了较大影响,因此在工程实际中应尽量保证实测数据的完整性及准确性,并采取措施提升有限元模型的精度。

2.3.1　参数初选

选择恰当的修正参数是提高模型修正效率及准确程度的首要且关键的步骤。根据经验可知,临时吊杆初次张拉时的步长通常最大,荷载传递效率也最不稳定,且初次张拉时结构的响应情况对后续施工具有极为关键的借鉴意义,因此重点修正初次张拉时的传递效率,以拱桥某根待更换吊杆为例进行研究。

根据某桥梁的设计资料并结合拱桥模型修正的既有经验,待修正参数及其初值如表 2-1 所示。

表 2-1　待修正参数及其初值

结构	参数名称	参数初值	单位	编号
2 号吊杆	弹性模量	195.0	kN/mm^2	DGE1
3 号吊杆	弹性模量	195.0	kN/mm^2	DGE2
4 号吊杆	弹性模量	195.0	kN/mm^2	DGE3
5 号吊杆	弹性模量	195.0	kN/mm^2	DGE4
6 号吊杆	弹性模量	195.0	kN/mm^2	DGEL
临时吊杆	弹性模量	195.0	kN/mm^2	DGLS
系杆梁	弹性模量	34.5	kN/mm^2	XGE6
	容重	25.0	kN/m^3	XGQ6

续表 2-1

结构	参数名称	参数初值	单位	编号
中横梁	弹性模量	34.5	kN/mm^2	HLE7
	容重	25.0	kN/m^3	HLQ7
拱肋	弹性模量	47.1	kN/mm^2	GLE8
	容重	25.0	kN/m^3	GLQ8
桥面板	弹性模量	30.0	kN/mm^2	QME9
	容重	25.0	kN/m^3	QMQ9

2.3.2 参数显著性检验

在基于响应面的有限元模型静、动力修正中，使用灵敏度的方法选择待修正参数。设修正向量 $\boldsymbol{p}$、响应向量 $\boldsymbol{R}$ 的维数分别为 n、m，响应向量与修正向量之间的关系如式(2-6)所示。灵敏度计算方法如式(2-7)所示。

$$R_i = R_i(p_1, p_2, \cdots, p_n) \tag{2-6}$$

$$S_{ij} = \frac{R_i(p_j + \Delta p_j) - R_i(p_j)}{R_i(p_j)} \cdot \frac{p_j}{\Delta p_j} \tag{2-7}$$

式中 S_{ij} ——第 j 个修正参数对第 i 个修正目标的灵敏度；

p_j ——参数初值；

p_i——待修正参数。

其中，Δp_j 可取 $p_j/100$。

待修正指标：f_1，f_2 分别表示一阶、二阶频率；Δd_1，Δd_2，Δd_3 分别表示初始状态下 3 号、4 号、5 号吊杆与桥面连接点处的位移值，Δd_4 表示初始状态下系杆梁跨中位置的位移值；p_1，p_2 分别表示临时吊杆第一次张拉时临时吊杆对待更换吊杆的荷载传递效率、第一次切割 4 号吊杆时其对临时吊杆的荷载传递效率。灵敏度分析结果如图 2-2 和图 2-3 所示。吊杆编号如图 2-4 所示。

由图 2-2 和图 2-3 分析可知,吊杆弹性模量的变化对吊杆所处桥面位置的挠度影响不大,对跨中挠度影响稍大;临时吊杆弹性模量的变化对各位移指标均有一定影响(平均灵敏度 0. 13);各参数对一阶频率灵敏度的最大值仅 0. 23,对二阶频率灵敏度的最大值仅 0. 12;而位移灵敏度的最大值达 8. 08,且敏感参数(不低于 0. 05)较多。根据灵敏度分析结果,采用中心复合设计对不同的参数建立不同的样本数据库。

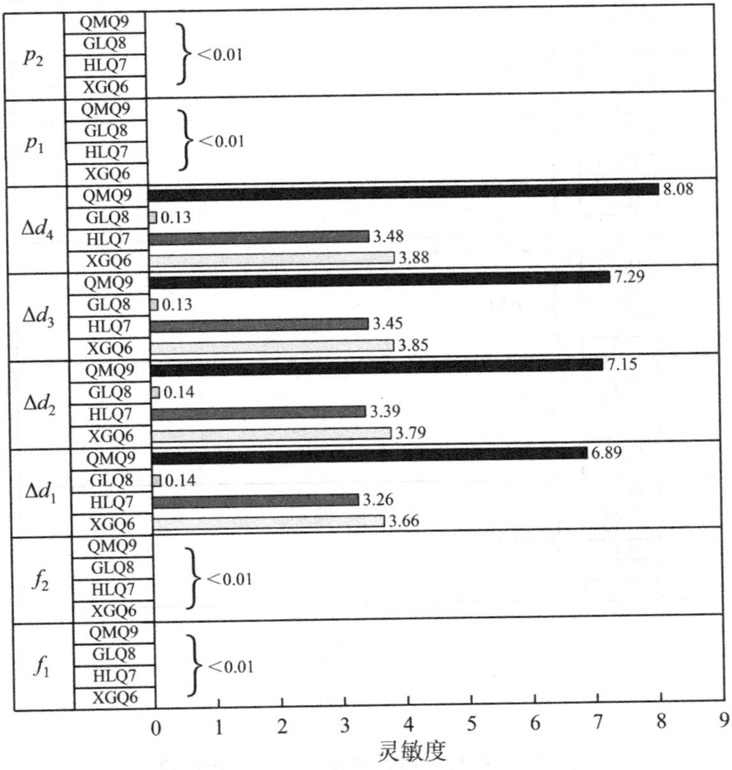

图 2-2　各构件容重灵敏度分析结果

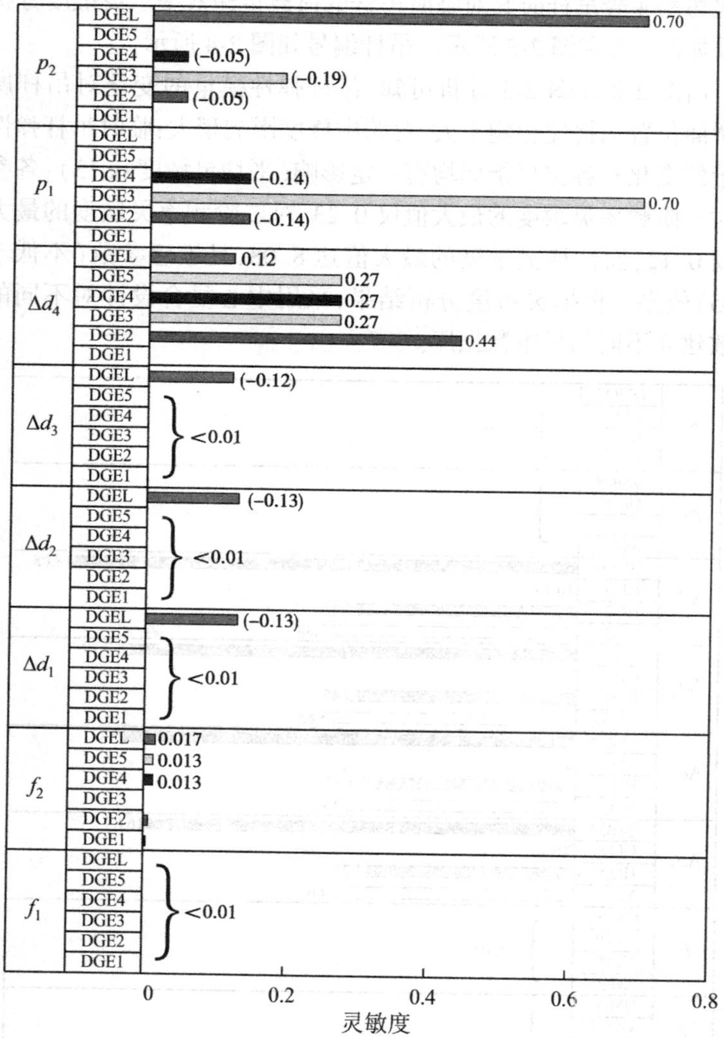

（a）吊杆

图 2-3　各构件弹性模量灵敏度分析结果

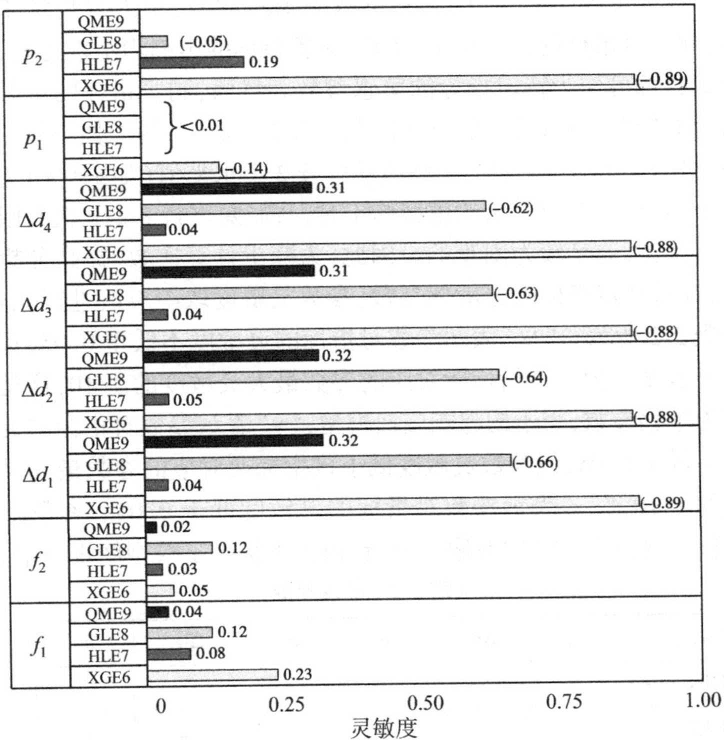

（b）其他构件

续图 2-3

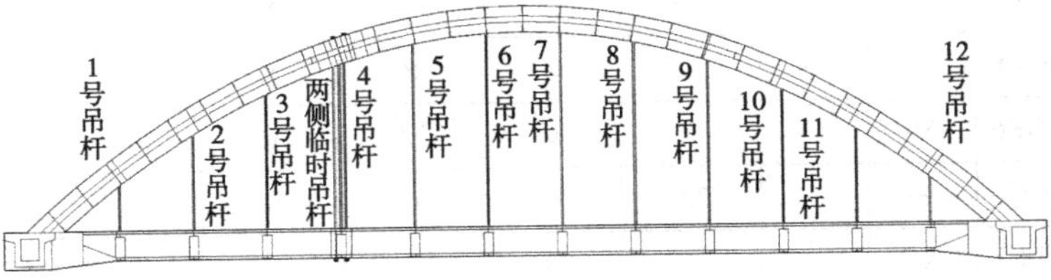

图 2-4　吊杆编号

以灵敏度不低于 0.05 的参数为敏感参数，根据分析结果发现，除 2 号吊杆的弹性模量 DGE1 对各指标的影响均不敏感外，其余参数都可作为特定指标的敏感参数。然而，同一指标的敏感参数可能较多，且参数灵敏度区间范围较大，将导致模型修正效率不高，当每个参数(共 13 个敏感参数)按 2 个水平值(如±10%)进行基于静、动力响应面法的模型修正时，共需要进行 8 219 次有限元分析计算，这是较为困难的。因此，为减少计算次数、提高分析效率，针对特定指标筛选敏感参数，参数灵敏度取绝对值进行比较，如表 2-2 所示。“√”表示参数对指标的灵敏度不低于 0.05，且参数灵敏度不少于该指标所对应的参数最大灵敏度的 1/10，这类参数为敏感参数，用于构建响应面模型；“×”表示参数对指标的灵敏度不低于 0.05，但参数灵敏度低于该指标所对应的参数最大灵敏度的 1/10；“—”表示参数对指标的灵敏度低于 0.05。参数筛选后仅需要进行 167 次有限元分析，极大地提升了模型修正效率。

表 2-2　敏感参数

参数	f_1	f_2	Δd_1	Δd_2	Δd_3	Δd_4	p_1	p_2
DGE1	—	—	—	—	—	—	—	—
DGE2	—	—	—	—	—	×	√	×
DGE3	—	—	—	—	—	×	√	√
DGE4	—	—	—	—	—	×	√	×
DGE5	—	—	—	—	—	×	—	—
DGEL	—	—	×	×	×	×	—	√
XGE6	√	√	√	√	√	√	√	√
XGQ6	—	—	√	√	√	√	—	—
HLE7	√	—	—	×	—	—	—	√
HLQ7	—	—	√	√	√	√	—	—

续表 2-2

参数	f_1	f_2	Δd_1	Δd_2	Δd_3	Δd_4	p_1	p_2
GLE8	√	√	×	×	×	×	—	×
GLQ8	—	—	×	×	×	×	—	—
QME9	—	—	×	×	×	×	—	—
QMQ9	—	—	√	√	√	√	—	—

2.3.3　拟合响应面模型

响应面模型有很多种，常见的有多项式、幂函数和非线性函数等。本次研究采用通用的二次多项式响应面模型，如式(2-8)所示。

$$y=\beta_0+\sum_{i=1}^{k}\beta_i x_i+\sum_{i<j}\sum_{j=2}^{k}\beta_{ij}x_i x_j+\sum_{i=1}^{k}\beta_{ii}x_i^2 \tag{2-8}$$

式中　x_i、x_j——设计参数，$x_i \in [x_{1i}, x_{ui}]$，x_{1i}、x_{ui} 分别为设计参数的取值范围；

k——设计参数的数量；

β_0、β_i、β_{ij}、β_{ii}——回归系数。

频率、位移、荷载传递效率的响应面模型如式(2-9)~式(2-16)所示，模型系数如表 2-3 所示，低于 1×10^{-6} 的系数不在表中显示；部分指标的响应面模型如图 2-5 和图 2-6 所示，图中只列出了指标对应的两个参数，其余参数取初值。为最大程度地保证待修正参数的显著性及模型拟合的准确性，使用不同形式的多项式对各指标进行修正，其中，f_1、p_2、d_2、d_3、d_4 为包含交叉项的二次多项式；p_1 为不包含交叉项的二次多项式；d_1、f_2 为线性多项式。

$$f_1(x,y,z)=\beta_0+\beta_1 x+\beta_2 y+\beta_3 z+\beta_4 xy+\beta_5 xz+\beta_6 x^2+\beta_7 y^2+\beta_8 z^2 \tag{2-9}$$

$$f_2(x,y)=\beta_0+\beta_1x+\beta_2y \tag{2-10}$$

$$d_1(x,y,z,w)=\beta_0+\beta_1x+\beta_2y+\beta_3z+\beta_4w \tag{2-11}$$

$$d_2(x,y,z,w)=\beta_0+\beta_1x+\beta_2y+\beta_3z+\beta_4w+\beta_5xy+\beta_6xz+\beta_7xw+\beta_8y^2+\beta_9z^2+\beta_{10}w^2 \tag{2-12}$$

$$d_3(x,y,z,w)=\beta_0+\beta_1x+\beta_2y+\beta_3z+\beta_4w+\beta_5xy+\beta_6xz+\beta_7xw+\beta_8y^2+\beta_9z^2+\beta_{10}w^2 \tag{2-13}$$

$$d_4(x,y,z,w)=\beta_0+\beta_1x+\beta_2y+\beta_3z+\beta_4w+\beta_5xy+\beta_6xz+\beta_7xw+\beta_8y^2+\beta_9z^2+\beta_{10}w^2 \tag{2-14}$$

$$p_1(x,y,z,w)=\beta_0+\beta_1x+\beta_2y+\beta_3z+\beta_4w+\beta_5w^2 \tag{2-15}$$

$$p_2(x,y,z,w)=\beta_0+\beta_1x+\beta_2y+\beta_3z+\beta_4w+\beta_5yz+\beta_6x^2+\beta_7y^2+\beta_8z^2+\beta_9w^2 \tag{2-16}$$

式中 $\beta_0,\beta_1,\beta_2,\cdots,\beta_{10}$——回归响应面模型系数；

x,y,z,w——设计参数。

表 2-3 回归响应面模型系数

模型系数	$f_1/10^{-3}$	$f_2/10^{-2}$	d_1	d_2	d_3	d_4	$p_1/10^{-3}$	$p_2/10^{-3}$
β_0	123.70	247.79	192.71	483.81	564.37	602.53	165.33	123.07
β_1	27.82	0.63	−1.73	−3.83	−4.04	−4.08	−0.36	−0.32
β_2	5.32	0.68	−6.37	−9.50	−10.57	−11.02	1.88	1.10
β_3	9.21	0	−5.61	−8.23	−9.14	−9.52	−0.41	−1.37
β_4	0.04	0	8.64	−2.31	−4.59	−5.79	−1.43	−1.17
β_5	−0.05	0	0	0.11	0.13	0.14	0.01	0
β_6	−0.10	0	0	0.10	0.12	0.13	0	0
β_7	−0.05	0	0	−0.14	−0.16	−0.18	0	0
β_8	−0.02	0	0	−0.06	−0.08	−0.09	0	0.03
β_9	0	0	0	−0.06	−0.08	−0.09	0	0
β_{10}	0	0	0	0.34	0.43	0.48	0	0.02

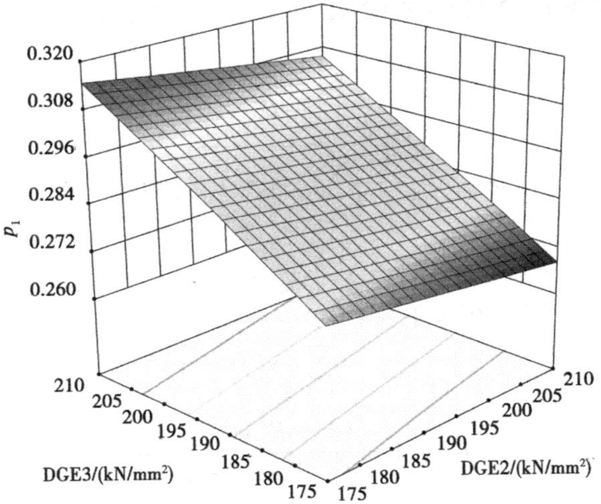

图 2-5　传递效率 p_1 关于 DGE3 和 DGE2 的响应面模型

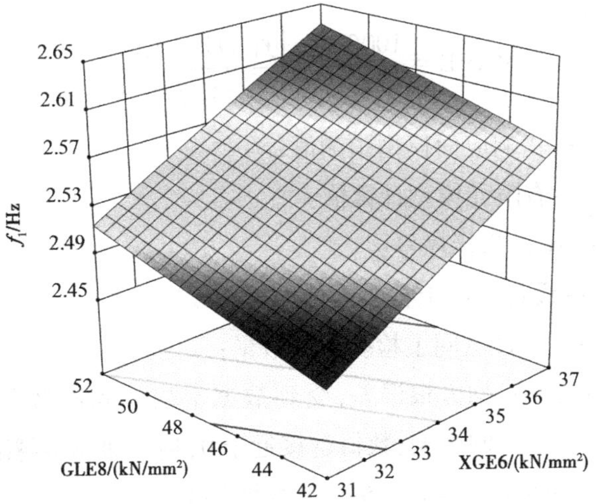

图 2-6　频率 f_1 关于 GLE8 和 XGE6 的响应面模型

响应面模型建立后要对其进行精度检验,检验响应面模型精度的方法见式(2-17)~式(2-22),计算结果如表2-4所示。

$$C_v = \frac{\sigma}{\mu} \tag{2-17}$$

$$\sigma = \sqrt{\frac{1}{N-1}\sum_{j=1}^{N}\left[\hat{y}_{RS}(j) - y(j)\right]^2} \tag{2-18}$$

$$R^2 = 1 - \frac{\sum_{j=1}^{N}\left[\hat{y}_{RS}(j) - y(j)\right]^2}{\sum_{j=1}^{N}\left[y(j) - \bar{y}\right]^2} \tag{2-19}$$

$$R_a^2 = 1 - \frac{(1-R^2)(N-1)}{N-P-1} \tag{2-20}$$

$$\text{RMSE} = \sqrt{\frac{1}{N}\sum_{j=1}^{N}\left[\hat{y}_{RS}(j) - y(j)\right]^2} \tag{2-21}$$

$$\text{MAPE} = \frac{100\%}{N}\sum_{j=1}^{N}\left|\frac{\hat{y}_{RS}(j) - y_i(j)}{y_i(j)}\right| \tag{2-22}$$

式中 $\hat{y}_{RS}$——响应面模型预测值;

y——有限元模型计算值;

i——y的指标序号;

j——设计空间上检验点的序号;

N——设计空间上检验点的数量;

RMSE——均方根误差,受到数据平均值和离散程度的共同影响,数值越接近于0,响应面模型越准确;

σ——标准差,反映数据的离散程度;

C_v——变异系数,数据离散程度的归一化量度;

P——特征数量；

$\bar{y}$——有限元模型计算结果的平均值；

R^2——决定系数，取值范围为[0,1]，值越接近于1，响应面模型越准确；

R_a^2——校正决定系数，抵消了样本数量对 R^2 的影响，值越接近于1，响应面模型越准确；

MAPE——平均绝对百分比误差，数值越小表明模型越可靠。

表 2-4　响应面模型精度检验

回归响应核面模型	RMSE	σ	C_v/%	R^2	R_a^2	MAPE/%
$f_1(x,y,z)$	0	0	0.02	1.00	1.00	0.09
$f_2(x,y)$	0.01 Hz	0.01 Hz	3.01	0.94	0.93	3.54
$d_1(x,y,z,w)$	6.90 mm	7.02 mm	14.18	0.95	0.94	16.08
$d_2(x,y,z,w)$	3.32 mm	3.38 mm	5.74	1.00	0.99	6.65
$d_3(x,y,z,w)$	4.21 mm	4.28 mm	6.45	0.99	0.99	7.35
$d_4(x,y,z,w)$	4.66 mm	4.74 mm	6.75	0.99	0.99	7.64
$p_1(x,y,z,w)$	0.84	0.01	0.03	1.00	1.00	2.84
$p_2(x,y,z,w)$	0.02	0	0.08	1.00	1.00	0.12

由表 2-4 分析结果可知，频率 f_i 及传递效率 p_1、p_2 的回归响应

面模型精度较高，各项评价指标较为理想；位移 d_i 的回归响应面模型标高指标的均值较大，残差 $\hat{y}_{RS}(j)-y(j)$ 较大，这使得位移响应面模型的 RMSE、σ、C_v 及 MAPE 稍大。若在计算中考虑残差 $y(j)-\bar{y}$，则响应面模型 d_1 的评价指标 R^2 及 R_a^2 均不低于 0.94，其余位移响应面模型的评价值均不低于 0.99，因此位移响应面模型满足有限元模型修正的精度要求。

综上所述，回归响应面模型可以用于有限元模型的修正，但在构造目标函数时，可参照各模型的评价指标对其在目标函数中的占比进行适当折减。

2.3.4 构造目标函数及参数优化

有限元模型修正可等效为以下的优化问题：

$$\left.\begin{aligned}&\min\sqrt{\sum_{i=1}^{m}\gamma_i[f_{Ei}(X)-f_{Ai}(X)]^2}\\&\text{s.t. VLB}\leqslant X\leqslant\text{VUB}\end{aligned}\right\}\tag{2-23}$$

式中 X——设计参数；

f_E——实测值；

f_A——回归响应面模型分析值；

γ_i——权重系数，构造目标函数时，因为样本点的随机性，其贡献值大小是不同的，为了提高修正的精度，偏离目标函数的样本点权重系数较小，接近于目标函数的样本点权重系数较大；

VLB、VUB——参数设计空间范围。

为了使目标函数能够更加高效、准确地指导有限元模型修正，专家学者提出了多种形式的目标函数，见式(2-24)，本书选择较常

用的 J_2 开展后续研究。

$$\left.\begin{aligned}
J_1 &= \sum_{i=1}^{m}\left[f_{\mathrm{E}i}(X)-f_{\mathrm{A}i}(X)\right]^2\\
J_2 &= \sqrt{\sum_{i=1}^{m}\left[1-\frac{f_{\mathrm{A}i}(X)}{f_{\mathrm{E}i}(X)}\right]^2}\\
J_3 &= \sum_{i=1}^{m}\frac{\left|f_{\mathrm{E}i}(X)-f_{\mathrm{A}i}(X)\right|}{\sigma_i}\\
J_4 &= \sum_{i=1}^{m}\frac{\left[f_{\mathrm{E}i}(X)-f_{\mathrm{A}i}(X)\right]^2}{\sigma_i^2}\\
J_5 &= \sum_{i=1}^{m}\operatorname{erf}\frac{\left|f_{\mathrm{E}i}(X)-f_{\mathrm{A}i}(X)\right|}{\sigma_i\sqrt{2}}\\
J_6 &= \sum_{i=1}^{m}\omega_k J_{6,k}\\
J_{6,k} &= \frac{\sum_{j=1}^{A_k}\left|f_{k,\mathrm{E}j}(X)-f_{k,\mathrm{A}j}(X)\right|}{\sum_{j=1}^{A_k}\left|f_{k,\mathrm{E}j}(X)\right|}
\end{aligned}\right\} \tag{2-24}$$

不同类型指标的单位及量级不一致，残差较大的指标在目标函数的计算过程中占主导地位，导致其他指标的响应较小，这种情况下就需要引入权重系数。

目标函数中还需要引入权重系数 $\gamma_i(\gamma_i=\alpha_{i1}\alpha_{i2}\alpha_{i3})$，该系数的意义在于：各指标的有限元模型初值和实测值之间的残差不同，即指标初始误差不同，为综合降低有限元模型的误差，初始误差较大的指标应具有较大的权重系数 α_{i1}；各回归响应面模型的精度不同，精度较高的函数能够更加准确地反映出结构的实际特性，因此这类函数应当具有较大的权重系数 α_{i2}；调整参数能使敏感指标计算值更加高效地逼近实测值，相比之下，低灵敏度指标的修正效率不高，达到理想目标值的可能性也相对较小，为充分利用桥梁的特征信息，应提高低敏感参数的权重 α_{i3}。

设 f_{A0} 表示有限元模型分析初值；f_{E0} 表示实测值；参数初值为 $X_0(X_0 > 0)$。假设由于施工误差、材料老化等因素引起的参数变化幅度均保持在 10%以内，即 $X \in [0.9X_0, 1.1X_0]$，在该条件下，回归响应面模型的变化范围为 $[f_{A,min}, f_{A,max}]$。基于以上分析，提出如式(2-25)~式(2-28)所示的权重系数计算方法，计算结果如表 2-5 所示。

$$\gamma_i = \alpha_{i1}\alpha_{i2}\alpha_{i3} \tag{2-25}$$

$$\alpha_{i1} = 1 + \left|1 - \frac{f_{A0}}{f_{E0}}\right| \tag{2-26}$$

$$\alpha_{i2} = \min(1 - C_v, 1 - \mathrm{MAPE}, R^2, R_a^2) \tag{2-27}$$

$$\begin{cases} \alpha_{i3} = 1.0 & (f_{A,min} \leqslant f_{E0} \leqslant f_{A,max}) \\ \alpha_{i3} = 1 + \dfrac{\min(|f_{E0} - f_{A,max}|, |f_{A,min} - f_{E0}|)}{f_{A,max} - f_{A,min}} & \\ & (f_{A,max} \leqslant f_{E0} \text{或} f_{E0} \leqslant f_{A,min}) \end{cases} \tag{2-28}$$

表 2-5 权重系数

权重系数	频率		桥面标高				荷载传递效率	
	f_1	f_2	d_1	d_2	d_3	d_4	p_1	p_2
α_{i1}	1.06	1.03	1.41	1.42	1.42	1.42	1.17	1.09
α_{i2}	1.00	0.93	0.86	0.94	0.94	0.93	0.97	1.00
α_{i3}	1.34	1.30	1.00	1.00	1.00	1.00	1.42	1.12
γ_i	1.42	1.24	1.21	1.33	1.33	1.33	1.61	1.22

根据上述原理构建模型修正的目标函数，如式(2-29)~式(2-33)所示。Obj_1 表示基于动力指标的目标函数，Obj_2、Obj_3 表

示基于静力指标的目标函数，Obj_4、Obj_5 为考虑不同类型参数组合的基于静动力指标的目标函数。

$$\mathrm{Obj}_1 = \sqrt{\sum_{i=1}^{2} \alpha_i \left[1 - \frac{f_{\mathrm{A}i}(X)}{f_{\mathrm{E}i}(X)}\right]^2} \tag{2-29}$$

$$\mathrm{Obj}_2 = \sqrt{\sum_{i=1}^{4} \beta_i \left[1 - \frac{d_{\mathrm{A}i}(X)}{d_{\mathrm{E}i}(X)}\right]^2} \tag{2-30}$$

$$\mathrm{Obj}_3 = \sqrt{\sum_{i=1}^{4} \beta_i \left[1 - \frac{d_{\mathrm{A}i}(X)}{d_{\mathrm{E}i}(X)}\right]^2 + \sum_{i=1}^{2} \gamma_i \left[1 - \frac{p_{\mathrm{A}i}(X)}{p_{\mathrm{E}i}(X)}\right]^2} \tag{2-31}$$

$$\mathrm{Obj}_4 = \sqrt{\sum_{i=1}^{2} \alpha_i \left[1 - \frac{f_{\mathrm{A}i}(X)}{f_{\mathrm{E}i}(X)}\right]^2 + \sum_{i=1}^{4} \beta_i \left[1 - \frac{d_{\mathrm{A}i}(X)}{d_{\mathrm{E}i}(X)}\right]^2} \tag{2-32}$$

$$\mathrm{Obj}_5 = \sqrt{\sum_{i=1}^{2} \alpha_i \left[1 - \frac{f_{\mathrm{A}i}(X)}{f_{\mathrm{E}i}(X)}\right]^2 + \sum_{i=1}^{4} \beta_i \left[1 - \frac{d_{\mathrm{A}i}(X)}{d_{\mathrm{E}i}(X)}\right]^2 + \sum_{i=1}^{2} \gamma_i \left[1 - \frac{p_{\mathrm{A}i}(X)}{p_{\mathrm{E}i}(X)}\right]^2} \tag{2-33}$$

式中　X——设计参数；

α_i、β_i、γ_i——第 i 个频率、桥面标高、荷载传递效率在目标函数中所占的权重；

$f_{\mathrm{E}i}$、$d_{\mathrm{E}i}$、$p_{\mathrm{E}i}$——第 i 个频率、桥面标高、荷载传递效率实测值；

$f_{\mathrm{A}i}$、$d_{\mathrm{A}i}$、$p_{\mathrm{A}i}$——第 i 个频率、桥面标高、荷载传递效率的响应面模型计算值。

基于 Matlab 中带约束的多目标非线性规划函数 fmincon 求解，以得到目标函数的最优化参数，优化参数取值如表 2-6 所示。将修正参数代入有限元模型中并重新分析计算，修正后的模型如图 2-7 所示。修正模型的计算值如表 2-7 所示；以实测值为基准，修正模型的相对误差如表 2-8 所示，相对误差的计算方法为（计算值-实测值)/实测值。

表 2-6 优化参数

Obj_i	DGE2	DGE3	DGE4	DGEL	XGE6	XGQ6	HLE7	HLQ7	GLE8	QMQ9
Obj_1	—	—	—	—	37.9	—	37.9	—	51.8	—
Obj_2	—	—	—	—	31.1	22.5	—	22.5	—	22.5
Obj_3	—	—	—	—	31.1	22.5	37.9	22.5	51.8	22.5
Obj_4	—	—	—	—	34.9	22.5	37.9	22.5	51.8	25.4
Obj_5	175.5	214.5	175.5	207.7	32.9	22.5	37.9	22.5	51.8	24.9

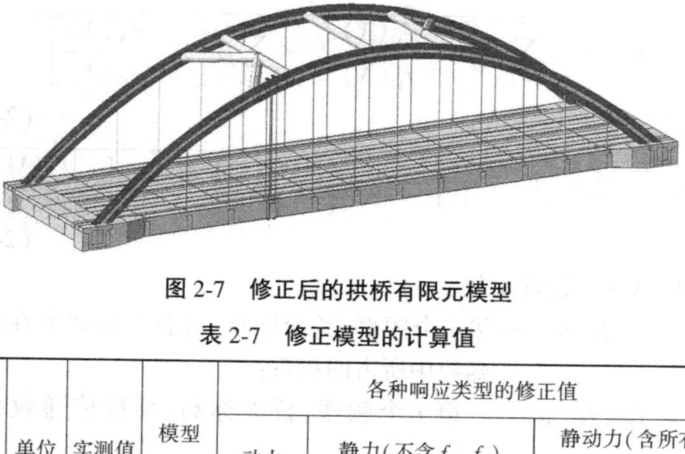

图 2-7 修正后的拱桥有限元模型

表 2-7 修正模型的计算值

指标	单位	实测值	模型初值	各种响应类型的修正值				
				动力（f_1、f_2）	静力（不含 f_1、f_2）		静动力（含所有指标）	
					不含 p_1、p_2	含 p_1、p_2	不含 p_1、p_2	含 p_1、p_2
f_1	Hz	2.732	2.556	2.632	2.514	2.510	2.558	2.569
f_2	Hz	3.100	3.020	3.044	3.029	3.019	3.010	3.053
d_1	mm	79.925	47.540	43.843	90.944	90.458	76.584	79.602
d_2	mm	98.697	57.655	53.194	112.057	111.491	94.149	98.231

续表 2-7

指标	单位	实测值	模型初值	各种响应类型的修正值					
				动力（f_1、f_2）	静力（不含 f_1、f_2）		静动力（含所有指标）		
					不含 p_1、p_2	含 p_1、p_2	不含 p_1、p_2	含 p_1、p_2
d_3	mm	112. 228	64. 954	59. 936	127. 219	126. 610	106. 766	111. 654
d_4	mm	119. 000	68. 701	63. 397	135. 047	134. 420	113. 276	118. 592
p_1	—	0. 354	0. 294	0. 292	0. 297	0. 327	0. 294	0. 319
p_2	—	0. 234	0. 213	0. 207	0. 216	0. 241	0. 258	0. 227

表 2-8　修正模型的相对误差　　%

指标	模型误差					
	初始模型	动力（f_1、f_2）	静力（不含 f_1、f_2）		静动力（含所有指标）	
			不含 p_1、p_2	含 p_1、p_2	不含 p_1、p_2	含 p_1、p_2
f_1	−6. 44	−3. 66	−7. 99	−8. 12	−6. 38	−5. 95%
f_2	−2. 60	−1. 80	−2. 30	−2. 61	−2. 91	−1. 53%
d_1	−40. 52	−45. 14	13. 79	13. 18	−4. 18	−0. 40
d_2	−41. 58	−46. 10	13. 54	12. 96	−4. 61	−0. 47
d_3	−42. 12	−46. 59	13. 36	12. 81	−4. 87	−0. 51
d_4	−42. 27	−46. 73	13. 48	12. 96	−4. 81	−0. 34
p_1	−17. 04	−17. 68	−16. 26	−7. 68	−17. 09	−9. 82
p_2	−8. 88	−11. 41	−7. 48	2. 97	10. 56	−2. 84

由表 2-7 和表 2-8 可得到以下结论：

(1)同时包含频率、桥面标高和荷载传递效率 3 种指标的静、动力修正方法的误差最小，最大误差不超过 10%，且其余指标的误差不高于 6%，该模型精度能够满足实际工程的需求；静力修正方法的精度次之；仅考虑动力指标的动力修正方法精度最低，不能用于分析结构的静力特性。

(2)采用静力的修正方法时，考虑荷载传递效率这一修正指标仅对荷载传递效率指标 p_1 和 p_2 本身的精度产生较大影响，对其余指标的影响不大；但采用静、动力修正方法时，考虑荷载传递效率这一修正指标除能提升 p_1 和 p_2 的精度外，同时还能较为显著地提高其余指标，尤其是桥面标高指标的计算精度。

2.4 小 结

本章首先对系杆拱桥有限元模型建立的重要问题进行了讨论，并基于设计资料初步建立了有限元模型。然后，根据检测报告分析比较了采用静力、动力和静动力响应面修正方法时模型的精度问题，并结合吊杆更换的工程特点，引入了荷载传递效率作为修正指标之一。通过分析可以得出如下结论：

(1)在根据公式计算索力的基础上，采用“体外力”的索力施加方法能够使得数值模拟索力值接近预期值，且能够综合考虑到吊杆的边界条件、拱桥及临时施工结构的刚度特性，在预期索力值的基础上进行自适应的索力修正，从而得到更为精确的模型索力值。

(2)根据指标的初始误差、响应面模型精度和模型修正效率 3 种因素提出了一种权重系数的计算方法，一定程度上解决了因静、动力指标的单位及量级的不同而产生的权重系数的取值问题，使得模型修正流程更加规范、合理。

(3)根据吊杆更换的工程特点引入了荷载传递效率这一修正指标，使得基于静动力响应面法的修正模型的最大误差从17.09%降低至9.82%，得到了满足工程应用精度要求、契合吊杆更换工程特点的有限元模型，可以在该模型的基础上开展后续研究。

第 3 章　拱桥吊杆损伤识别方法研究

3.1　应变影响线损伤识别方法

为解决拱桥吊杆损伤的精确识别难题，本节建立了下承式系杆拱桥简化力学模型。首先，通过力法分析下承式系杆拱桥力学超静定结构，推导并分析吊杆损伤前后应变影响线解析表达式；其次，通过对应变影响线解析式作差、微分处理，针对损伤吊杆建立基于吊杆的应变影响线差值、应变影响线差值曲率的损伤指标并定义损伤程度，据此提出基于下承式系杆拱桥吊杆准静态应变影响线指标的损伤识别方法；最后，借助有限元法验证了该方法对常规吊杆数目拱桥的适用性，并利用有限元模型算例研究了测试噪声、损伤位置、损伤程度、损伤类别对损伤评估结果的影响，提出了科学的车辆加载实施方案。以期提出一种准确识别并精准评估吊杆损伤位置及损伤程度的方法，为同类工程提供理论基础。

下承式系杆拱桥中的吊杆多为柔性吊杆且主要承受轴力，而刚性吊杆需要抵抗吊杆与拱肋及系梁结点处的局部弯矩作用。因此，为简化计算，力学模型主要考虑轴力，忽略弯矩效应。以奇数吊杆为研究对象，为分析跨中及 1/4 跨吊杆力学性能及简化计算过程，提出建立三吊杆下承式系杆拱桥模型，如图 3-1 所示，限于研究篇幅，现根据吊杆单处损伤这一情况进行理论分析。

为利于应变影响线解析式的分析，现假设：

(1) 下承式系杆拱桥的建筑材料均质且始终处于线弹性

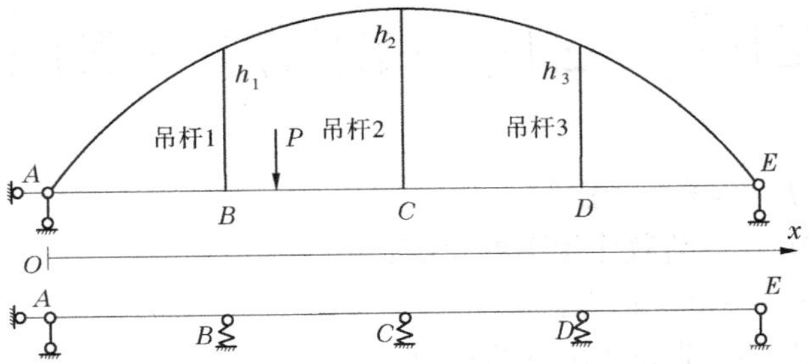

图 3-1　下承式系杆拱桥力学及简化模型

阶段。

(2)假设损伤位置互不影响。

(3)忽略吊杆的温度变形、非荷载引起的弹性变形。

通过移动集中力 P 在纵梁上进行准静态影响线加载,假设该过程仅引起结构静态响应,本书暂不讨论因移动加载产生的动力效应。根据吊杆仅受拉的特点以及弹性地基理论,在对应吊杆下方设置仅受压弹簧以替代吊杆作用。各吊杆的弹性系数为 K_i,吊杆长度为 h_i,据此建立新的力学模型。

3.1.1　应变影响线分析

现假设简化模型的纵梁刚度为 EI,跨径取 $4l$,吊杆间距为 l,吊杆损伤前后的弹性系数分别为 K、K_s 。根据吊杆受力特性及工程实际情况,吊杆材料的损伤特性主要为两端锚固约束能力降低以及本身材料锈蚀损伤两种情况。通常中、下承式拱桥在跨中区域的吊杆内力较大,因此在理论模型中假设损伤发生在跨中及 1/4 跨吊杆处,且由于损伤分别产生向下位移为 c 的变形位移,根据位移互等定理和变形体虚功原理可以将荷载作用下任一点的弹性位移进行简化:

$$\Delta = \sum \left(\int \frac{\overline{M}M_P}{EI} + \sum \int \frac{\overline{F}F_P}{EA} + \sum \int \frac{k\overline{Q}Q_P}{GI} \right) \mathrm{d}s \approx \sum \int \frac{\overline{M}M_P}{EI} \mathrm{d}s \tag{3-1}$$

式中 $\overline{M}$——单位弯矩；

M_P——荷载作用下的弯矩；

F——单位轴力；

F_P——荷载作用下的轴力；

$\overline{Q}$——单位剪力；

Q_P——荷载作用下的剪力；

EI——抗弯刚度；

EA——抗拉(压)刚度；

GI——抗扭刚度。

依据结构力学图乘法计算出结构的柔度系数和自由项，如表 3-1 所示。结合力法求解出冗余约束力 X_i 的具体函数解析式，将位移影响系数和广义荷载位移代入力法方程式(3-2)中。

表 3-1 冗余约束参数

参数	意义	力学表达式	实际解析解
δ_{11}、δ_{33}	位移影响系数	$\int \overline{M}_1^2/EI\mathrm{d}s$、$\int \overline{M}_3^2/EI\mathrm{d}s$	$3l^3/4EI$
δ_{22}		$\int \overline{M}_2^2/EI\mathrm{d}s$	$4l^3/3EI$
δ_{12}、δ_{21}、δ_{23}、δ_{32}		$\int \overline{M}_1\overline{M}_2/EI\mathrm{d}s$、$\int \overline{M}_2\overline{M}_3/EI\mathrm{d}s$	$11l^3/12EI$
δ_{13}、δ_{31}		$\int \overline{M}_1\overline{M}_3/EI\mathrm{d}s$	$7l^3/12EI$
Δ_{1P}	广义荷载位移	$\int \overline{M}_1\overline{M}_P/EI\mathrm{d}s$	$\begin{cases}(x^3-7xl^2)/8EI & (0 \leqslant x \leqslant l)\\(-x^3+12x^2l-33xl^2+4l^3)/24EI & (l \leqslant x \leqslant 4l)\end{cases}$
Δ_{2P}		$\int \overline{M}_2\overline{M}_P/EI\mathrm{d}s$	$\begin{cases}(x^3-12xl^2)/12EI & (0 \leqslant x \leqslant 2l)\\(-x^3+12x^2l-36xl^2+16l^3)/12EI & (2l \leqslant x \leqslant 4l)\end{cases}$
Δ_{3P}		$\int \overline{M}_3\overline{M}_P/EI\mathrm{d}s$	$\begin{cases}(x^3-15xl^2)/24EI & (0 \leqslant x \leqslant 3l)\\(-x^3+12x^2l-41xl^2+36l^3)/8EI & (3l \leqslant x \leqslant 4l)\end{cases}$

$$\sum_{j=1}^{3} \delta_{ij} X_j + \Delta_{iP} + \frac{X_i}{K_i} = \Delta_i \quad (i = 1、2、3) \tag{3-2}$$

式中　δ_{ij} ——结构的柔度系数,表示在 j 处施加单位力, i 处产生的位移;

Δ_{iP} ——变形协调方程的自由项,表示在外力 P 的作用下, i 处产生的位移。

吊杆无损伤时 $\Delta_i = 0$;1/4 跨吊杆处损伤时 $\Delta_1 = -c$ 、$\Delta_2 = \Delta_3 = 0$;跨中吊杆损伤时 $\Delta_2 = -c$ 、$\Delta_1 = \Delta_3 = 0$。

先求解出多余约束力 X_i 的具体函数解析式,再根据式(3-3)得出吊杆损伤前、后应变影响线解析表达式 $\varepsilon_i(x)$ 、$\varepsilon_{id}(x)$,如表 3-2 所示。

$$\varepsilon_i(x) = X_i / K_i h_i \tag{3-3}$$

表 3-2　吊杆损伤前、后应变影响线解析表达式

损伤前应变影响线解析式	$\varepsilon_1(x) = \frac{K_1}{\Phi K h_1}\begin{cases} \alpha_1 x^3 + \alpha_2 x & (0 \leqslant x \leqslant l) \\ \beta_1 x^3 + \beta_2 x^2 + \beta_3 x + \beta_4 & (l \leqslant x \leqslant 2l) \\ \varphi_1 x^3 + \varphi_2 x^2 + \varphi_3 x + \varphi_4 & (2l \leqslant x \leqslant 3l) \\ \eta_1 x^3 + \eta_2 x^2 + \eta_3 x + \eta_4 & (3l \leqslant x \leqslant 4l) \end{cases}$
	$\varepsilon_2(x) = \frac{K_2}{\Phi K h_2}\begin{cases} \alpha_4 x^3 + \alpha_5 x & (0 \leqslant x \leqslant l) \\ \beta_6 x^3 + \beta_7 x^2 + \beta_8 x + \beta_9 & (l \leqslant x \leqslant 2l) \\ \varphi_6 x^3 + \varphi_7 x^2 + \varphi_8 x + \varphi_9 & (2l \leqslant x \leqslant 3l) \\ \eta_6 x^3 + \eta_7 x^2 + \eta_8 x + \eta_9 & (3l \leqslant x \leqslant 4l) \end{cases}$
	$\varepsilon_3(x) = \frac{K_3}{\Phi K h_3}\begin{cases} \alpha_7 x^3 + \alpha_8 x & (0 \leqslant x \leqslant l) \\ \beta_{11} x^3 + \beta_{12} x^2 + \beta_{13} x + \beta_{14} & (l \leqslant x \leqslant 2l) \\ \varphi_{11} x^3 + \varphi_{12} x^2 + \varphi_{13} x + \varphi_{14} & (2l \leqslant x \leqslant 3l) \\ \eta_{11} x^3 + \eta_{12} x^2 + \eta_{13} x + \eta_{14} & (3l \leqslant x \leqslant 4l) \end{cases}$

续表 3-2

1/4 跨吊杆损伤后应变影响线解析式	$\varepsilon_{1d}(x)=\frac{K_1}{\Phi K_s(h_1+c)}\begin{cases}\alpha_1x^3+\alpha_2x+\alpha_3 & (0\leqslant x\leqslant l)\\ \beta_1x^3+\beta_2x^2+\beta_3x+(\alpha_3+\beta_4) & (l\leqslant x\leqslant 2l)\\ \varphi_1x^3+\varphi_2x^2+\varphi_3x+(\alpha_3+\varphi_4) & (2l\leqslant x\leqslant 3l)\\ \eta_1x^3+\eta_2x^2+\eta_3x+(\alpha_3+\eta_4) & (3l\leqslant x\leqslant 4l)\end{cases}$ $\varepsilon_{2d}(x)=\frac{K_2}{\Phi K_s h_2}\begin{cases}\alpha_4x^3+\alpha_5x+\alpha_6 & (0\leqslant x\leqslant l)\\ \beta_6x^3+\beta_7x^2+\beta_8x+(\alpha_6+\beta_9) & (l\leqslant x\leqslant 2l)\\ \varphi_6x^3+\varphi_7x^2+\varphi_8x+(\alpha_6+\varphi_9) & (2l\leqslant x\leqslant 3l)\\ \eta_6x^3+\eta_7x^2+\eta_8x+(\alpha_6+\eta_9) & (3l\leqslant x\leqslant 4l)\end{cases}$ $\varepsilon_{3d}(x)=\frac{K_3}{\Phi K_s h_3}\begin{cases}\alpha_7x^3+\alpha_8x+\alpha_9 & (0\leqslant x\leqslant l)\\ \beta_{11}x^3+\beta_{12}x^2+\beta_{13}x+(\alpha_9+\beta_{14}) & (l\leqslant x\leqslant 2l)\\ \varphi_{11}x^3+\varphi_{12}x^2+\varphi_{13}x+(\alpha_9+\varphi_{14}) & (2l\leqslant x\leqslant 3l)\\ \eta_{11}x^3+\eta_{12}x^2+\eta_{13}x+(\alpha_9+\eta_{14}) & (3l\leqslant x\leqslant 4l)\end{cases}$
跨中处吊杆损伤后应变影响线解析式	$\varepsilon_{1d}(x)=\frac{K_1}{\Phi K_s h_1}\begin{cases}\alpha_1x^3+\alpha_2x+\alpha'_3 & (0\leqslant x\leqslant l)\\ \beta_1x^3+\beta_2x^2+\beta_3x+(\alpha'_3+\beta'_4) & (l\leqslant x\leqslant 2l)\\ \varphi_1x^3+\varphi_2x^2+\varphi_3x+(\alpha'_3+\varphi'_4) & (2l\leqslant x\leqslant 3l)\\ \eta_1x^3+\eta_2x^2+\eta_3x+(\alpha'_3+\eta'_4) & (3l\leqslant x\leqslant 4l)\end{cases}$ $\varepsilon_{2d}(x)=\frac{K_2}{\Phi K_s(h_2+c)}\begin{cases}\alpha_4x^3+\alpha_5x+\alpha'_6 & (0\leqslant x\leqslant l)\\ \beta_6x^3+\beta_7x^2+\beta_8x+(\alpha'_6+\beta'_9) & (l\leqslant x\leqslant 2l)\\ \varphi_6x^3+\varphi_7x^2+\varphi_8x+(\alpha'_6+\varphi'_9) & (2l\leqslant x\leqslant 3l)\\ \eta_6x^3+\eta_7x^2+\eta_8x+(\alpha'_6+\eta'_9) & (3l\leqslant x\leqslant 4l)\end{cases}$ $\varepsilon_{3d}(x)=\frac{K_3}{\Phi K_s h_3}\begin{cases}\alpha_7x^3+\alpha_8x+\alpha'_9 & (0\leqslant x\leqslant l)\\ \beta_{11}x^3+\beta_{12}x^2+\beta_{13}x+(\alpha'_9+\beta'_{14}) & (l\leqslant x\leqslant 2l)\\ \varphi_{11}x^3+\varphi_{12}x^2+\varphi_{13}x+(\alpha'_9+\varphi'_{14}) & (2l\leqslant x\leqslant 3l)\\ \eta_{11}x^3+\eta_{12}x^2+\eta_{13}x+(\alpha'_9+\eta'_{14}) & (3l\leqslant x\leqslant 4l)\end{cases}$

注:表中 Φ 、α_i 、β_i 、φ_i ，η_i 都是与 E、I、l、c 有关的常数定值。

3.1.2　损伤识别方法

分析损伤前、后吊杆应变影响线解析式，针对损伤吊杆提出基于吊杆的应变影响线差值（strain influence line difference，SILD）的损伤指标：

$$\begin{aligned}\mathrm{SILD}_i &= \varepsilon_{id}(x) - \varepsilon_i(x)\\ &= \frac{K_i}{\Phi h_i} \times \left[\frac{K - K_s}{KK_s}\right] \times \{\alpha(x),\beta(x),\eta(x),\lambda(x)\}\end{aligned} \tag{3-4}$$

由式（3-4）可知，可根据其余吊杆的应变差值影响线定位损伤位置：当下承式系杆拱桥处于无损状态时，弹性系数 $K = K_s$ 且 $c = 0$，则无论梁上任何位置的单位移动载荷 P，应变差值影响线解析式的结果均为常数定值；当下承式系杆拱桥处于损伤状态时，应变差值影响线解析式是一个多参数函数解析式。因此，通过对损伤前、后的吊杆应变影响线进行作差处理，可以精确定位损伤位置。

进行差值计算时不仅运算量大且容易产生误差，对吊杆应变影响线进行两次微分处理，将会约去大量参数从而减少运算量且损伤识别效果更佳。这是由于结构损伤会导致截面材料特性以及整体连续性发生变化，破坏了原先曲线之间的连续性。而数学中的曲率可以放大曲线变化率的突变，因而曲率被广泛应用于影响线等曲线损伤定位中。在工程实际中通常将曲率公式分母近似取 1，近似为曲线二阶导数，得到曲率公式，如式（3-5）所示：

$$R = |y''|/(1 + y')^{\frac{3}{2}} \approx |y''| \tag{3-5}$$

进而依据式（3-4）、式（3-5）提出应变影响线差值曲率（strain influence line differential curvature，SILDC）的损伤指标：

$$\mathrm{SILDC}_i = [\varepsilon_{id}(x) - \varepsilon_i(x)]'' = \frac{K_i}{\Phi h_i} \times \left[\frac{K - K_s}{KK_s}\right] \times$$

$$\{\alpha(x),\beta(x),\eta(x),\lambda(x)\}'' \tag{3-6}$$

根据上述损伤指标可以定义出识别吊杆的定量指标，即损伤程度(damage extent，DE)：

$$\mathrm{DE}_i = 1 - K_s/K \tag{3-7}$$

下承式系杆拱桥吊杆受损程度越大，K_s 越小，即 K_s/K 越小，则 DE_i 就越大。

理论推导表明，利用应变影响线可以识别系杆拱桥吊杆的损伤位置并量化损伤程度，给出了可用于系杆拱桥吊杆结构应变影响线损伤识别的解析证明，接下来将通过算例验证该方法应用于拱桥吊杆结构损伤识别的有效性。

3.2 应变影响线损伤识别算例验证

3.2.1 数值模型建立

某黄河下承式系杆拱桥计算跨径 95.5 m，桥面道路宽 19 m，桥面板厚 0.2 m。计算矢高 21.222 m，计算矢跨比为 1∶4.5，拱轴线为 1.347 的悬链线，拱肋为哑铃形钢管混凝土断面，钢管采用 Q235 材料。系梁和中横梁分别为箱形截面和实腹 T 形截面，拱桥各截面尺寸及有限元模型见图 3-2。该拱桥共设有 24 根吊杆，采用 Strand1860 材料。吊点中心距 7.1 m，设计截面为实腹圆形截面，直径 D 为 0.089 m，混凝土材料的强度等级为 C50。

采用理论推导吊杆数较多的拱桥时，公式的求解将非常困难。本书先理论推导了 3 根吊杆时拱桥的力学响应结果，提出基于应变影响线差值及差值曲率的损伤识别方法及评估指标。建立的三吊杆下承式系杆拱桥模型与力学解析式分析结果保持一致，可以有效识别吊杆损伤。为扩展该方法的适用范围，利用有限元分析法研究吊杆数目变化时 SILDC 对桥梁 1/4 跨及跨中吊杆的识别效果。限于篇幅,3～12 根吊杆损伤识别效果显著性分析见表 3-3。实际上这类桥梁的非线性特征显著,因此在本算例中不考虑结构材料及边界条件所引起的非线性特征,所施加的移动荷载集中力仅仅在于提取较为显著的应变影响线用于构建损伤评估指标。

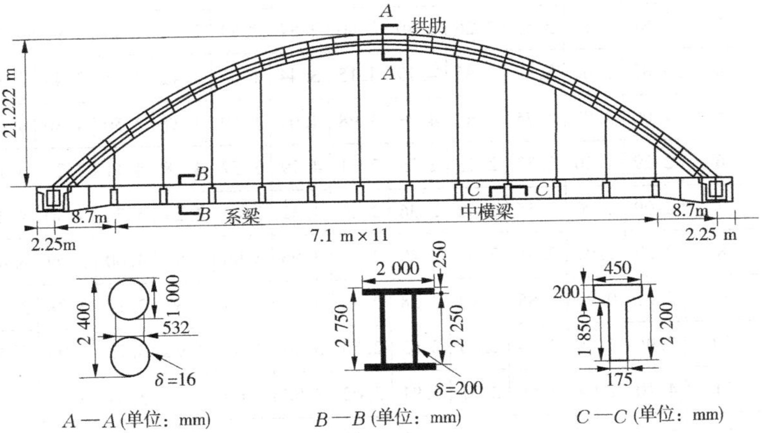

(a)拱桥截面尺寸

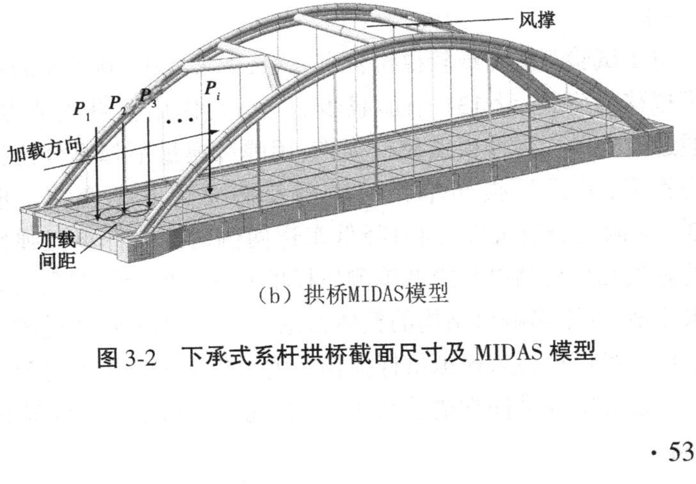

（b）拱桥MIDAS模型

图 3-2　下承式系杆拱桥截面尺寸及 MIDAS 模型

表 3-3　不同损伤程度下 3~12 根吊杆 SILDC 近端、远端识别效果

下承式系杆拱桥有限元吊杆数目/根	1/4 跨吊杆损伤						跨中吊杆损伤					
	DE=2%		DE=5%		DE=10%		DE=2%		DE=5%		DE=10%	
	近端	远端	近端	远端	近端	远端	近端	远端	近端	远端	近端	远端
3	2.81	2.51	2.53	2.26	2.80	2.80	2.84	2.84	2.94	2.94	2.94	2.95
4	3.82	3.60	3.87	3.85	4.19	4.15	3.44	1.67	3.42	3.25	3.43	2.86
5	4.00	3.87	3.75	3.65	4.23	3.98	4.07	1.50	4.27	2.50	4.30	4.24
6	2.29	2.20	2.32	2.23	2.25	2.21	4.19	3.57	4.28	4.11	4.27	4.11
7	2.09	2.06	2.55	2.48	2.36	2.29	4.32	3.43	4.29	3.79	4.30	4.20
8	2.37	1.91	2.65	2.60	2.40	2.36	3.96	3.00	4.01	4.00	3.99	3.88
9	2.61	0.99	2.85	2.19	2.58	2.32	3.33	3.14	3.37	3.12	3.38	3.14
10	2.96	1.46	2.74	2.43	2.65	2.55	3.96	2.80	3.94	3.73	3.95	3.78
11	4.10	1.04	3.66	2.51	3.91	3.02	3.98	2.60	3.86	3.64	3.87	3.61
12	2.89	1.48	3.01	2.78	2.86	2.53	4.00	3.33	3.90	3.38	3.92	3.62

注:近端表示与损伤吊杆相邻的吊杆处;远端表示离损伤吊杆最远的同侧吊杆处。表中数据为应变影响线损伤峰值较次峰值的倍数,2 倍及以上时识别效果较为显著。

由于试验车辆荷载较拱桥自重较小,本书使用 100 kN 的集中力模拟移动荷载,设 131 个加载步 S_i,均匀作用在纵梁节点上。并通过改变单元弹性模量模拟损伤,用弹性模量下降百分比拟定损伤程度,并假设损伤单元的质量及截面尺寸无变化。根据图 3-3 有限元分析可知,同时降低车道两侧对称吊杆单元弹性模量的有限元分析结果与降低单侧吊杆单元弹性模量的有限元分析结果相似,并不影响对结构的整体讨论。因此,本节将通过改变单侧吊杆的弹性模型来模拟吊杆损伤。由于跨中吊杆所承受内力较大以及近支座处吊杆常遭受锈蚀作用,现研究跨中及 1/4 跨吊杆

发生损伤(损伤程度分别为 2%、5%、10%)时,下承式系杆拱桥吊杆数目变化时 SILDC 近端、远端识别效果,各损伤工况下的结果如表 3-3 所示。

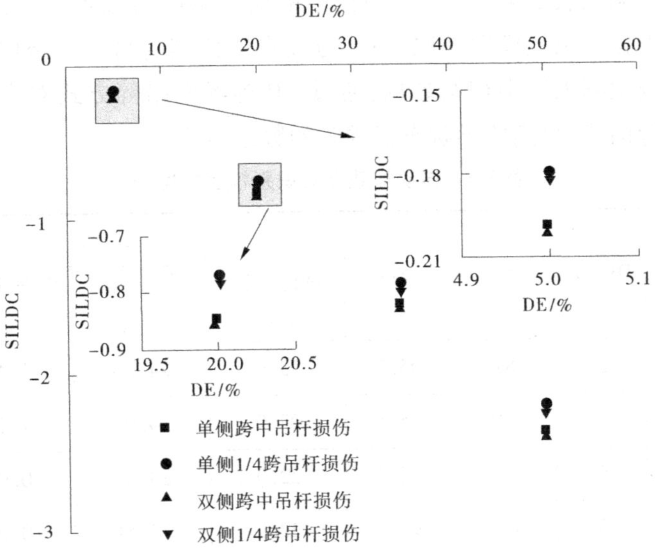

图 3-3　模型假定吊杆损伤对识别效果的影响

由表 3-3 可知,在不考虑噪声因素时,在 1/4 跨及跨中位置的吊杆损伤识别效果与吊杆数目无显著关联,该方法可用于多吊杆模型;吊杆损伤程度不低于 5%时,即使吊杆根数在 3~12 根内变化,仍能从损伤吊杆的远端准确识别其 SILDC 指标。

3.2.2　算例实施方案及模型工况

在实际工程中可采用移动荷载叠减的加载方案以避免试验困难,具体实施方法可为:选择多辆加载重车,通过控制加载车辆移速一致，使加载的桥梁虚拟加载节点相同，进行准静态影响线加载并提取记录应变响应数据，根据不同荷载重量下测取的数据进行归一化处理，以减少测试数据的观测误差。移动加载步对识别精度的影响见表 3-4。针对无损伤下的应变影响线数据，一方面通过精细化有限元模型提取；另一方面在同桥型的另一桥跨位置进行加载检测无损伤初始数据，通过 BP 神经网络等方式对大量数据进行训练，得到桥梁状态正常时的数据指标。

表 3-4　移动加载步对识别精度的影响

损伤位置	DE/%	S_i	l/m	SILD、SILDC		
				理论位置 x/m	模拟位置 x/m	误差距离/m
1/4 跨	5	81	95.5	22.9	24.36	1.46
	5	101	95.5	22.9	24.06	1.16
	5	131	95.5	22.9	23.88	0.98
	5	161	95.5	22.9	23.54	0.64
	20	131	95.5	22.9	23.88	0.98
	50	131	95.5	22.9	23.88	0.98
跨中	5	81	95.5	44.2	42.55	1.65
	5	101	95.5	44.2	43.12	1.08
	5	131	95.5	44.2	43.34	0.86
	5	161	95.5	44.2	43.47	0.73
	5	131	95.5	51.3	50.54	0.76

在实际工程中会出现各种复杂的损伤情况。以某黄河下承式

系杆拱桥有限元模型为算例,在此设立 10 种研究工况以探究吊杆损伤数目、位置、程度以及多构件损伤情况下该方法识别的可行性,同时引入吊杆发生 4 种不同程度损伤(5%、20%、35%、50%)的情况进行分析。测点与局部位置见图 3-4,算例损伤工况及测点布置如表 3-5 所示。在本算例中引入不确定系数 $\omega(x)$ 以考虑噪声影响,其中 $\omega(x)$ 是服从截尾高斯分布的不确定系数。

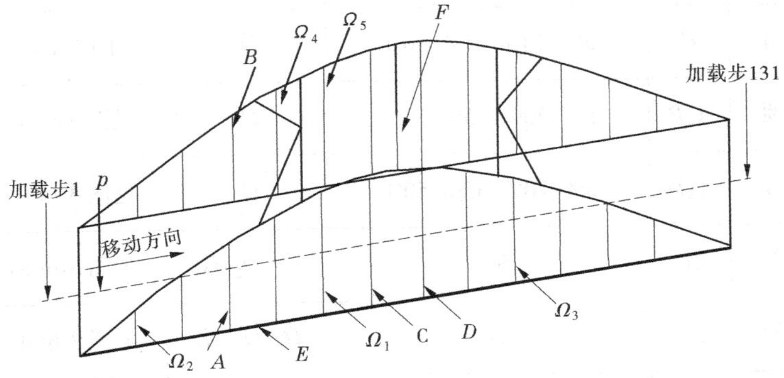

图 3-4　算例损伤位置与测点位置

依据 SILDC 作为主要损伤指标对吊杆识别情况展开分析研究,对此设立工况Ⅰ、Ⅱ验证在不同损伤位置及损伤程度下 SILD、SILDC 对吊杆的损伤诊断效果;同样工况Ⅲ、Ⅳ也采用类似的既定工况检验 SILDC 对多处吊杆损伤的诊断效果(限于研究篇幅,以两处损伤为例);为探究不同测点损伤诊断结果的影响设立了工况Ⅴ、Ⅵ;为模拟实际检测过程中各种环境误差因素,设立工况Ⅶ、Ⅷ以探究噪声对吊杆损伤识别的影响;而在实际桥梁工程中,会出现多结构损伤的情况。例如,焊接局部疲劳损伤或材料锈蚀会引起拱肋损伤,而经受地震、侧风作用以及焊接失效等情况会致使横撑损伤等,因此通过工况Ⅸ、Ⅹ分析在拱桥其他构件发生损伤时该方法对吊杆的损伤识别效果。

表 3-5 算例损伤工况及测点布置

工况	损伤位置	损伤程度(DE)	测点位置	结果
Ⅰ	*A*	5%、20%、35%、50%	Ω_1	见图 3-5(a)、(c)
Ⅱ	*C*	5%、20%、35%、50%	Ω_1	见图 3-5(b)、(d)
Ⅲ	*A*、*B*	5%、20%、35%、50%	Ω_1	见图 3-6(a)
Ⅳ	*A*、*D*	5%、20%、35%、50%	Ω_1	见图 3-6(b)
Ⅴ	*A*	50%	Ω_1、Ω_2、Ω_3	见图 3-6(c)
Ⅵ	*A*、*C*	20%	Ω_1、Ω_4、Ω_5	见图 3-6(d)
Ⅶ	*A*	50%(ω:2%、5%、10%)	Ω_1	见图 3-7(a)
Ⅷ	*A*	5%、20%、35%(ω:10%)	Ω_1	见图 3-7(b)
Ⅸ	*D*、*E*	5%、20%、35%、50%(*E*:30%)	Ω_1	见图 3-8(a)
Ⅹ	*A*、*F*	5%、20%、35%、50%(*F*:30%)	Ω_1	见图 3-8(b)

注:*A*、*B*、*C*、*D* 表示假定损伤吊杆位置,均处于桥跨的跨中及 1/4 跨位置附近;*E*、*F* 分别表示拱桥结构系梁和风撑的损伤部位;$\Omega_1 \sim \Omega_5$ 表示有限元模型中待测吊杆的位置。

3.2.3 损伤评估结果

首先,对下承式系杆拱桥进行移动集中力加载并提取损伤前、后测点的应变影响线。再通过中心差分法以及滑动平均法处理应变损伤曲线，以此消除有限元算例中应变影响线数据的误差，但是同时会引起非损伤区域应变影响线差值曲率曲线不为零且出现次峰值的现象，如图 3-5 所示。以加载步 S_i 作为横坐标物理变量、以 SILDC 计算值作为纵坐标物理变量，绘制诊断结果如下。

如图 3-5 所示，在单一吊杆损伤时，既定损伤位置邻域出现峰值，因此在同一测量位置可以识别 1/4 跨及跨中附近吊杆位置的损伤情况。进一步分析发现，伴随既定损伤程度的成倍递增，对应 SILDC 指标值也以一定比例增大。通过对比 SILD 和 SILDC 两种指标的识别效果，发现 SILDC 指标在损伤处识别效果更为明显，这与前一节的理论分析一致。

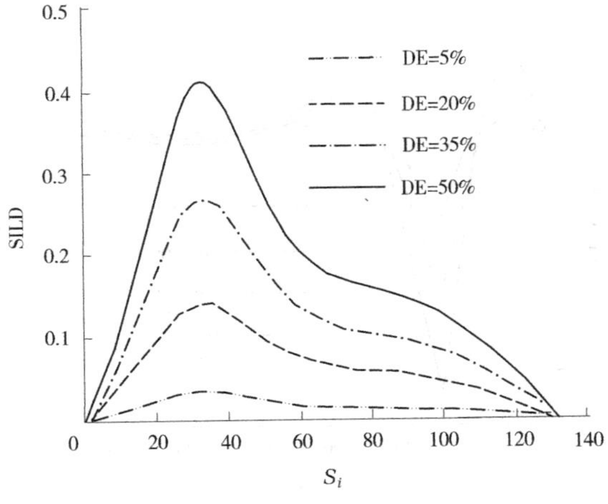

(a)工况 I

图 3-5　单吊杆损伤应变影响线曲率

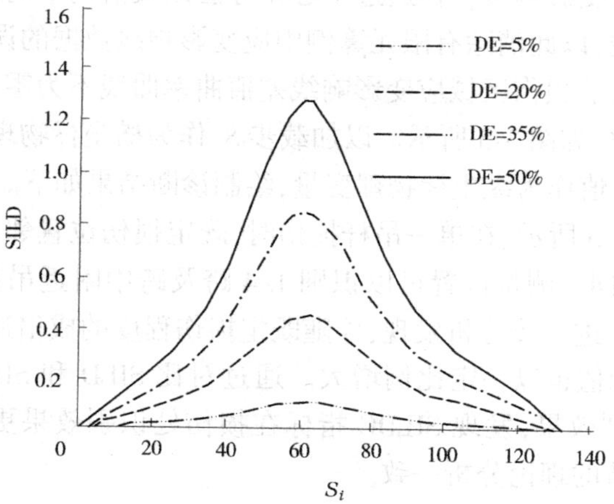

(b)工况Ⅱ

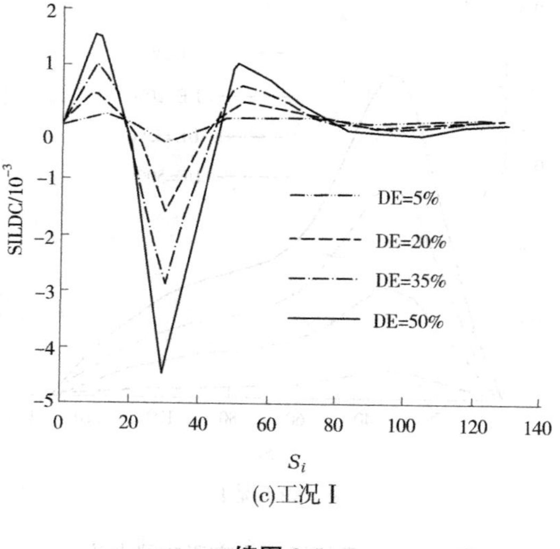

(c)工况Ⅰ

续图 3-5

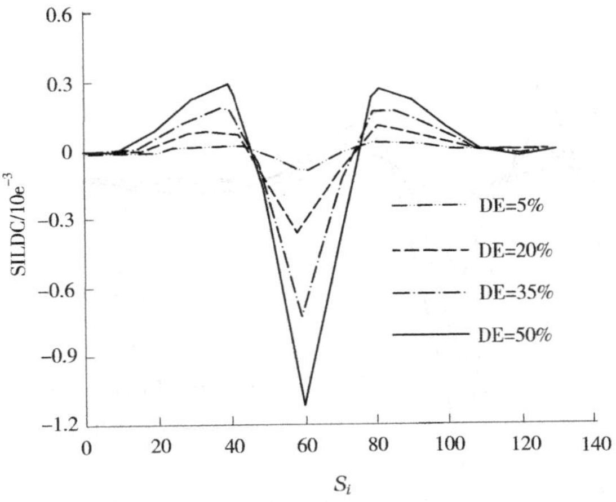

(d)工况Ⅱ

续图 3-5

如图 3-6(a)所示,若在桥跨同一位置不同侧发生损伤,虽可识别损伤发生的位置,但不能确定另一侧的吊杆是否损伤,因此有必要在另一侧位置进行检测识别。如图 3-6(b)所示,发现 SILDC 可以较好地识别多处吊杆损伤情况,进一步发现吊杆在相同的损伤程度下产生的损伤指标值也不同。针对上述情况,进一步研究不同测点位置对吊杆损伤识别的评估效果,如图 3-6(c)、(d)所示,由于不同测量位置所提取出的应变响应数据不同,因而在测点位置分析图中图像不够显著,但仍发现 SILDC 在不同检测位置均可以有效识别损伤。进一步比较发现,在同一损伤程度下,当测点越接近于损伤位置时,所得到的数据越精准,即损伤识别的敏感性与测点到损伤处距离成反比。由于在实际检测中会出现人为测量或环境因素引起的误差,因此引入噪声及其他构件发生损伤的工况进行验证。如图 3-7(a)、(b)所示,通过抗噪性试验验证可知,在 10%测试噪声下损伤程度诊断结果偏大,但对诊断损伤发生位置影响偏小,该方法具有良好的抗噪性。

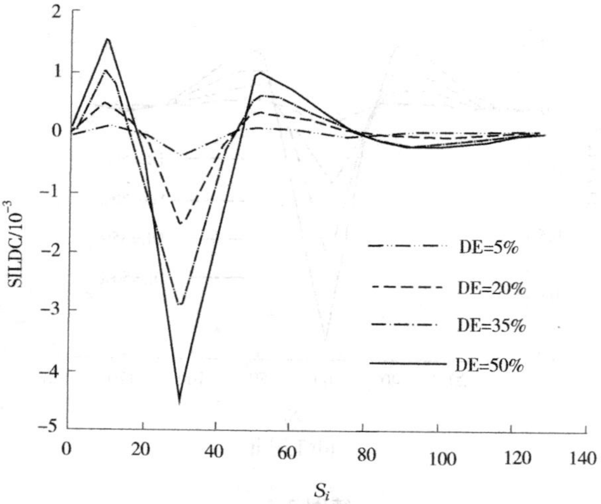

(a)工况Ⅲ

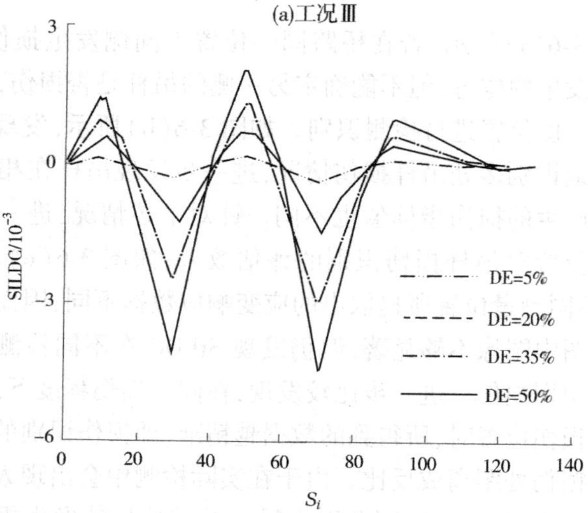

(b)工况Ⅳ

图 3-6 多吊杆损伤及测点位置分析

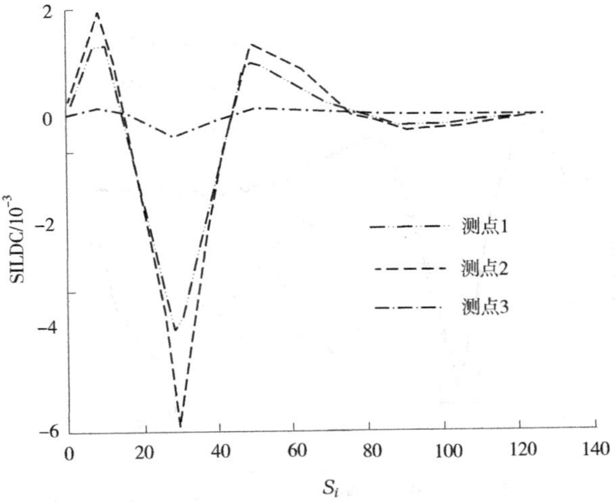

(c)工况Ⅴ

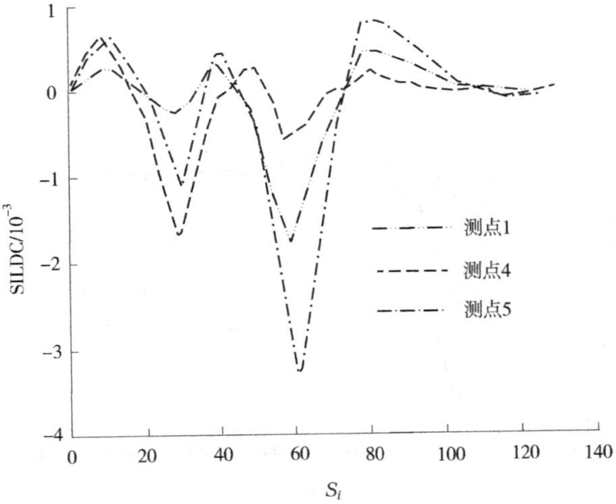

(d)工况Ⅵ

续图 3-6

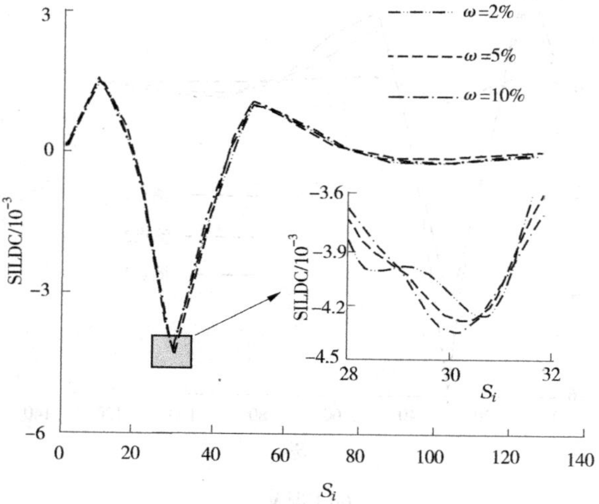

(a)工况Ⅶ

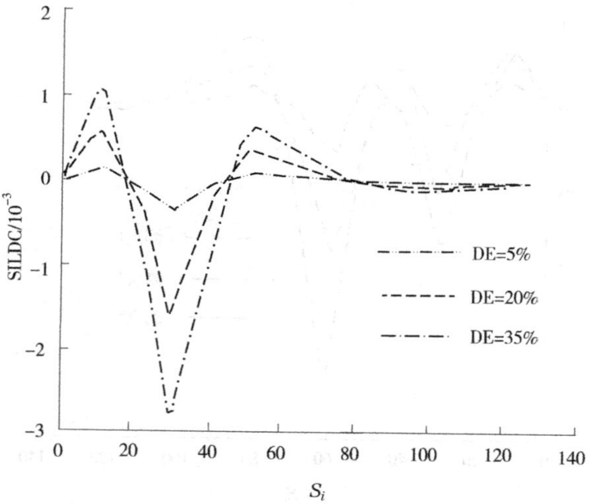

(b)工况Ⅷ

图 3-7　噪声对 SILDC 损伤识别的影响

如图 3-8 所示，对比图 3-5(c)、(d)，发现在拱桥其他构件发生损伤时，基于 SILDC 的拱桥吊杆损伤识别方法均具有良好的效果。为探究其他构件对吊杆损伤的影响，考虑了拱肋、中横梁、系梁等拱桥自身构件的损伤对跨中及 1/4 跨吊杆损失指标的评估效果，如图 3-9 所示。发现风撑的损伤对整体影响甚微，在相同程度下中横梁和桥面板的损伤对结构损伤较小，而拱肋及系梁的损伤会对结构整体危害性更大。进一步对比发现跨中吊杆损伤较边跨吊杆损伤更大，这也表示在工程实际中应尽可能关注系杆拱桥跨中区域吊杆的损伤情况。

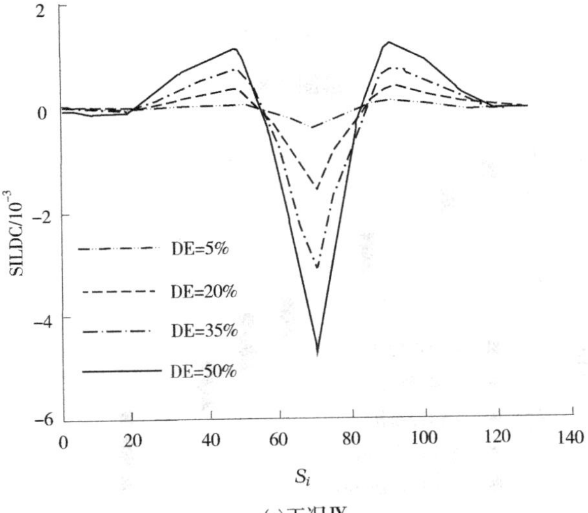

(a)工况Ⅸ

图 3-8　系梁及拱肋对识别损伤的影响

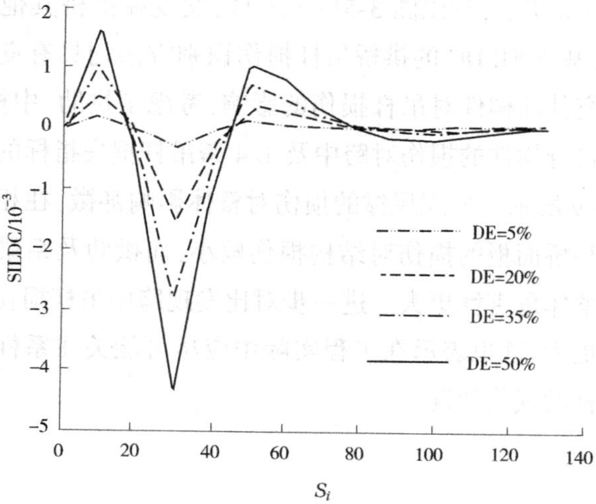

(b)工况X

续图 3-8

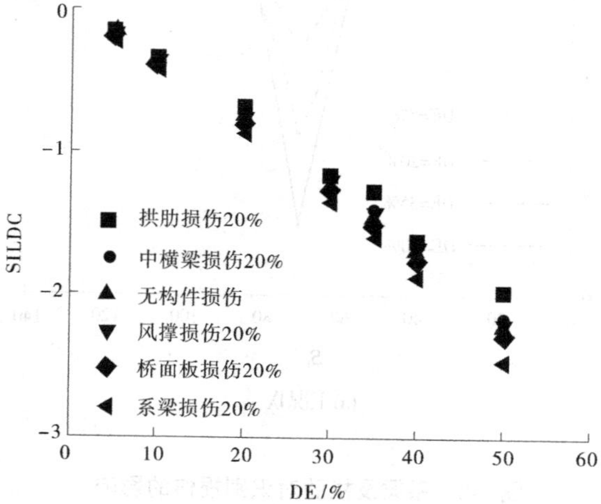

(a)跨中吊杆

图 3-9　拱桥构件损伤对不同位置吊杆损伤的影响

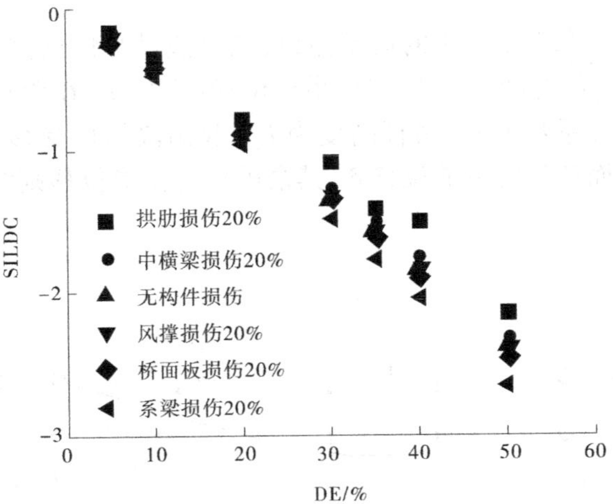

(b)1/4跨吊杆

续图 3-9

3.3　位移影响线损伤识别方法

本节以系杆拱桥为研究对象,从力学模型实用解析解和有限元验证的角度研究了位移差值影响线对拱桥吊杆的损伤识别方法。首先,根据拱桥吊杆的受力特性提出弹性支撑梁力学模型。根据力法求解出由损伤引起的位移变化影响线,揭示了吊杆损伤与位移变化之间的内在关系。其次,建立了中、下承式系杆拱桥的数值算例,从有限元模拟的角度验证位移差值影响线对拱桥吊杆的损伤识别效果。再次,通过控制单一变量,研究了加载间距、加载路径、不同测点以及噪声误差对识别效果的影响,并提出了合理的准静态加载实例方案。最后,引入灰色关联度以及回归预测中特征选择的方法,以无量纲方式分析和比较拱桥其他构件损伤对吊杆损伤识别的敏感程度。

3.3.1 位移影响线分析

基于本章3.1节中的模型假设，同时假设弹性支撑梁模型的跨径为 nl，吊杆间距为 l，损伤吊杆位置到梁一端 O 距离为 x，各吊杆的弹性系数为 K_i，吊杆高度为 h_i，起始段吊杆受移动准静态荷载影响而产生向下的位移 δ，其余吊杆的变形位移则为 $\mu_i\delta$（见图3-10）。

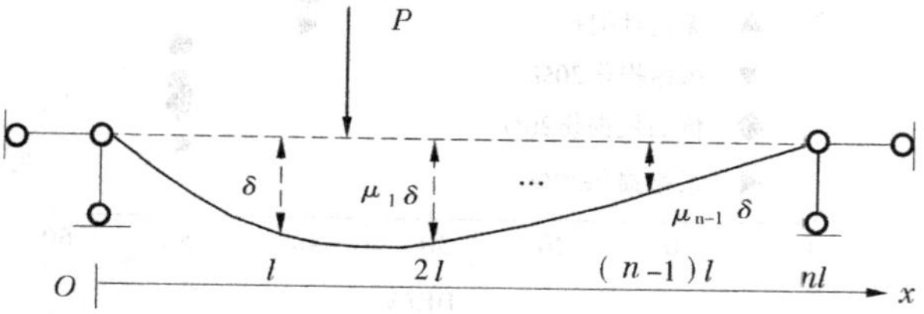

图3-10 梁的变形假设

基于力法原理（见图3-11），通过力法中图乘法建立变形前、后的位移协调方程。

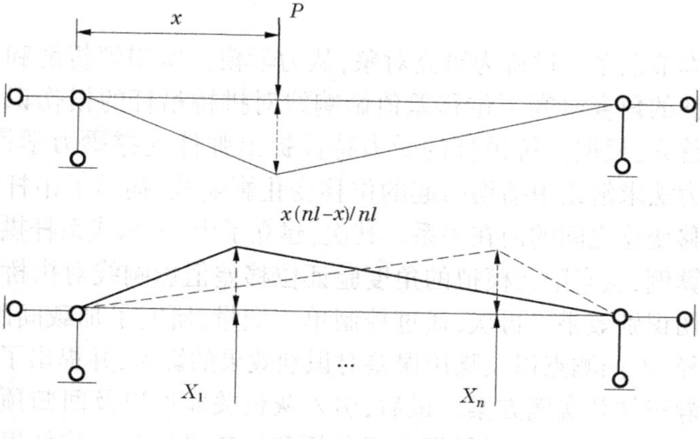

图3-11 结构力学力法原理

$$\sum_{j=1}^{n}\delta_{ij}X_j+\Delta_{iP}+\frac{X_i}{K_i}=\Delta_i \tag{3-8}$$

$$\sum_{j=1}^{n}\delta_{ij}X_j+\Delta_{iP}+\frac{X_i}{K_i}+\mu_i\delta=\Delta_i \tag{3-9}$$

式中　δ_{ij}——结构的柔度系数；

Δ_{iP}——自由项。

首先结合力法将位移影响系数和广义荷载位移(见表 3-6)代入力法方程式(3-8)、式(3-9)中，求解出冗余约束力 X_i 的具体函数解析式。再根据式(3-10)得出吊杆损伤前、后位移影响线解析表达式 $\omega_i(x)$ 和 $\omega_{id}(x)$ 。

$$\omega_i(x)=X_i/K_i \tag{3-10}$$

限于篇幅，本次研究考虑了 $n=2,3,4$ 时的力学解析结果，如表 3-6 所示。根据变化规律推导出 n 阶弹性支撑时位移影响线：

$$\omega_i=\frac{1}{K}\frac{k_i}{\Phi}\begin{cases}a_1x^3+a_2 & (0\leqslant x\leqslant l)\\ b_1x^3+b_2x^2+b_3x+b_4 & (l\leqslant x\leqslant 2l)\\ \vdots & \\ \alpha_1x^3+\alpha_2x^2+\alpha_3x+\alpha_4 & [(n-2)l\leqslant x\leqslant (n-1)l]\\ \beta_1x^3+\beta_2x^2+\beta_3x+\beta_4 & [(n-1)l\leqslant x\leqslant nl]\end{cases} \tag{3-11}$$

$$\omega_{id}=\frac{1}{K_s}\frac{k_i}{\Phi}\begin{cases}a_1x^3+a_2+\delta_i(\mu_1,\mu_2,\cdots,\mu_{n-1}) & (0\leqslant x\leqslant l)\\ b_1x^3+b_2x^2+b_3x+b_4+\delta_i(\mu_1,\mu_2,\cdots,\mu_{n-1}) & \\ \qquad (l\leqslant x\leqslant 2l) & \\ \vdots & \\ \alpha_1x^3+\alpha_2x^2+\alpha_3x+\alpha_4+\delta_i(\mu_1,\mu_2,\cdots,\mu_{n-1}) & \\ \qquad [(n-2)l\leqslant x\leqslant (n-1)l] & \\ \beta_1x^3+\beta_2x^2+\beta_3x+\beta_4+\delta_i(\mu_1,\mu_2,\cdots,\mu_{n-1}) & \\ \qquad [(n-1)l\leqslant x\leqslant nl] & \end{cases} \tag{3-12}$$

式中　Φ、α_i、β_i、φ_i，η_i——与 E、I、l、c 有关的常数定值。

表 3-6　结构力学力法系数

吊杆数量	参数	力学表达式	实际解析式
2	δ_{11}、δ_{22}	$\int \overline{M}_1^2/EI\mathrm{d}s$、$\int \overline{M}_2^2/EI\mathrm{d}s$	$4l^3/9EI$
	δ_{12}、δ_{21}	$\int \overline{M}_1\overline{M}_2/EI\mathrm{d}s$	$7l^3/18EI$
	Δ_{1P}	$\int \overline{M}_1\overline{M}_P/EI\mathrm{d}s$	$\begin{cases}(x^3-5xl^2)/9EI & (0\leqslant x\leqslant l)\\(-x^3+9x^2l-19xl^2+3l^3)/18EI & (l\leqslant x\leqslant 3l)\end{cases}$
	Δ_{2P}	$\int \overline{M}_2\overline{M}_P/EI\mathrm{d}s$	$\begin{cases}(x^3-8xl^2)/18EI & (0\leqslant x\leqslant 2l)\\(-x^3+9x^2l-22xl^2+12l^3)/9EI & (2l\leqslant x\leqslant 3l)\end{cases}$
3	δ_{11}、δ_{33}	$\int \overline{M}_1^2/EI\mathrm{d}s$、$\int \overline{M}_3^2/EI\mathrm{d}s$	$3l^3/4EI$
	δ_{22}	$\int \overline{M}_2^2/EI\mathrm{d}s$	$4l^3/3EI$
	δ_{12}、δ_{21}、δ_{23}、δ_{32}	$\int \overline{M}_1\overline{M}_2/EI\mathrm{d}s$、$\int \overline{M}_2\overline{M}_3/EI\mathrm{d}s$	$11l^3/12EI$
	δ_{13}、δ_{31}	$\int \overline{M}_1\overline{M}_3/EI\mathrm{d}s$	$7l^3/12EI$
	Δ_{1P}	$\int \overline{M}_1\overline{M}_P/EI\mathrm{d}s$	$\begin{cases}(x^3-7xl^2)/8EI & (0\leqslant x\leqslant l)\\(-x^3+12x^2l-33xl^2+4l^3)/24EI & (l\leqslant x\leqslant 4l)\end{cases}$
	Δ_{2P}	$\int \overline{M}_2\overline{M}_P/EI\mathrm{d}s$	$\begin{cases}(x^3-12xl^2)/12EI & (0\leqslant x\leqslant 2l)\\(-x^3+12x^2l-36xl^2+16l^3)/12EI & (2l\leqslant x\leqslant 4l)\end{cases}$
	Δ_{3P}	$\int \overline{M}_3\overline{M}_P/EI\mathrm{d}s$	$\begin{cases}(x^3-15xl^2)/24EI & (0\leqslant x\leqslant 3l)\\(-x^3+12x^2l-41xl^2+36l^3)/8EI & (3l\leqslant x\leqslant 4l)\end{cases}$

续表 3-6

吊杆数量	参数	力学表达式	实际解析式
4	δ_{11}、δ_{44}	$\int \overline{M}_1^2/EI\mathrm{d}s$、$\int \overline{M}_4^2/EI\mathrm{d}s$	$16l^3/15EI$
	δ_{22}、δ_{33}	$\int \overline{M}_2^2/EI\mathrm{d}s$、$\int \overline{M}_3^2/EI\mathrm{d}s$	$12l^3/5EI$
	δ_{12}、δ_{21}、δ_{34}、δ_{43}	$\int \overline{M}_1\overline{M}_2/EI\mathrm{d}s$、$\int \overline{M}_3\overline{M}_4/EI\mathrm{d}s$	$3l^3/2EI$
	δ_{13}、δ_{31}、δ_{24}、δ_{42}	$\int \overline{M}_1\overline{M}_3/EI\mathrm{d}s$、$\int \overline{M}_2\overline{M}_4/EI\mathrm{d}s$	$4l^3/3EI$
	δ_{14}、δ_{41}	$\int \overline{M}_1\overline{M}_4/EI\mathrm{d}s$	$23l^3/30EI$
	δ_{23}、δ_{32}	$\int \overline{M}_2\overline{M}_3/EI\mathrm{d}s$	$34l^3/15EI$
	Δ_{1P}	$\int \overline{M}_1\overline{M}_P/EI\mathrm{d}s$	$\begin{cases}(2x^3-18xl^2)/15EI & (0\leqslant x\leqslant l)\\(-x^3+15x^2l-51xl^2+5l^3)/30EI & (l\leqslant x\leqslant 5l)\end{cases}$
	Δ_{2P}	$\int \overline{M}_2\overline{M}_P/EI\mathrm{d}s$	$\begin{cases}(x^3-16xl^2)/10EI & (0\leqslant x\leqslant 2l)\\(-x^3+15x^2l-54xl^2+20l^3)/15EI & (2l\leqslant x\leqslant 5l)\end{cases}$
	Δ_{3P}	$\int \overline{M}_3\overline{M}_P/EI\mathrm{d}s$	$\begin{cases}(x^3-21xl^2)/15EI & (0\leqslant x\leqslant 3l)\\(-x^3+15x^2l-59xl^2+45l^3)/10EI & (3l\leqslant x\leqslant 5l)\end{cases}$
	Δ_{4P}	$\int \overline{M}_4\overline{M}_P/EI\mathrm{d}s$	$\begin{cases}(x^3-24xl^2)/30EI & (0\leqslant x\leqslant 4l)\\2(-x^3+15x^2l-66xl^2+80l^3)/15EI & (4l\leqslant x\leqslant 5l)\end{cases}$

3.3.2　损伤识别方法

分析损伤前、后吊杆位移影响线解析式，针对损伤吊杆提出基于吊杆的位移差值影响线(displacement difference influence line, DDIL)的损伤指标：

$$\mathrm{DDIL}_i = \omega_{id}(x) - \omega_i(x) = \frac{k_i}{\Phi} \cdot \left[\frac{K - K_s}{KK_s}\right] \cdot \{a(x), b(x), \ldots, \alpha(x), \beta(x)\} \tag{3-13}$$

由式(3-13)可知,可根据其余吊杆的位移差值影响线定位损伤位置:当系杆拱桥吊杆没有损伤时,弹性系数 $K = K_s$ 且位移 $\delta = 0$。此时位移差值影响线解析式的结果均为常数定值。当系杆拱桥的吊杆发生损伤时,位移差值影响线解析式是一个多参数函数解析式。因此,通过对损伤前、后的吊杆位移影响线进行作差处理,可以精确定位吊杆损伤位置。损伤程度(DE)可依据式(3-7)计算得到。

理论推导表明,采用准静态位移影响线可以有效识别系杆拱桥吊杆的损伤位置并量化损伤程度。下面将通过有限元算例验证该方法的有效性。

3.4 位移影响线损伤识别算例验证

在实际工程中,为避免试验困难,可采用移动荷载叠减的加载方案。首先选择 3 辆加载重车并保持车辆以同一低速直线行驶,并保持加载节点与虚拟节点的位置相同。这是为了避免车辆快速通过桥梁会不可避免地产生动力效应。根据不同荷载重量下测取的数据进行归一化处理,以减少测试数据的观测误差。在此基础上进行准静态影响线加载并提取记录位移响应数据。针对正常桥梁的影响线数据,可以通过精细化有限元模型测取或者在同桥型的另一桥跨位置进行加载检测得到数据。随后通过 BP 神经网络等方式对大量数据进行训练,得到桥梁状态正常时的数据指标。

3.4.1　下承式拱桥算例

以图 3-12 中的下承式系杆拱桥 MIDAS/Civil 模型为例，由于这类桥梁的非线性特征十分显著，因此在算例中不考虑结构材料及边界条件所引起的非线性特征。所施加的移动荷载集中力仅用于提取较为显著的位移影响线，以构建损伤评估指标。本节将采用 196 kN 的集中力模拟移动荷载。假设有 192 个加载步 S_i（加载间距为 0.5 m）均匀作用在纵梁节点上。通过改变单元弹性模量模拟损伤，用弹性模量下降百分比量化损伤程度，并假设损伤单元的质量及截面尺寸无变化。由于拱桥在跨中区域的吊杆内力较大以及支座附近处的吊杆常处于锈蚀环境，因此本书通过有限元模型主要验证跨中及边跨处吊杆发生损伤（损伤程度分别为 10%、20%、30%、40%、50%）时，位移差值影响线对下承式系杆拱桥吊杆的损伤识别效果。

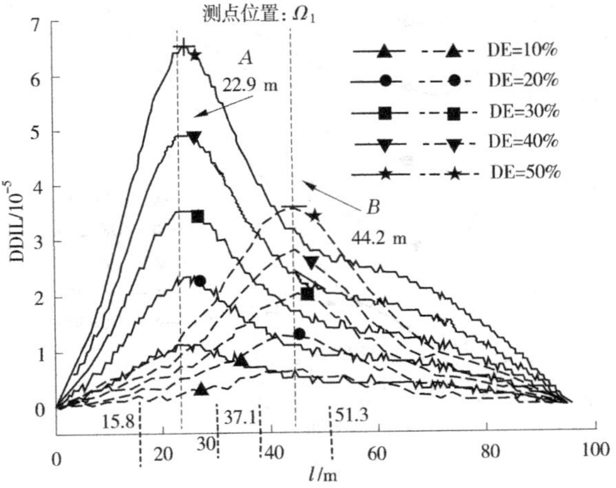

(a)工况 I

图 3-12　下承式系杆拱桥中吊杆的损伤识别结果

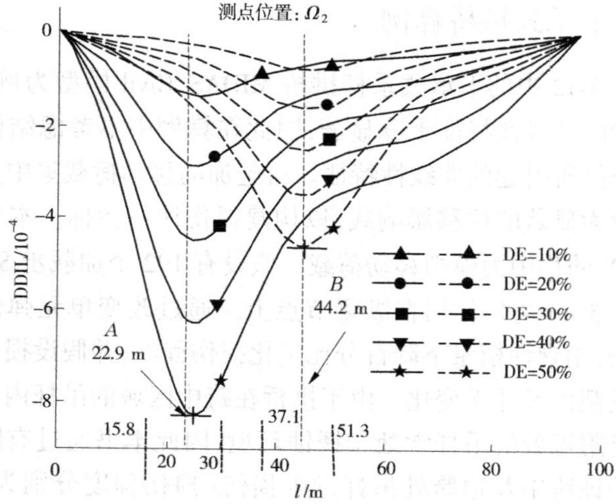

(b)工况Ⅱ

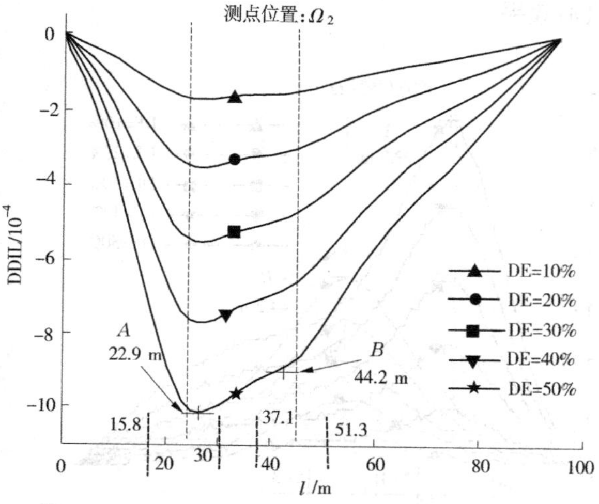

(c)工况Ⅲ

续图 3-12

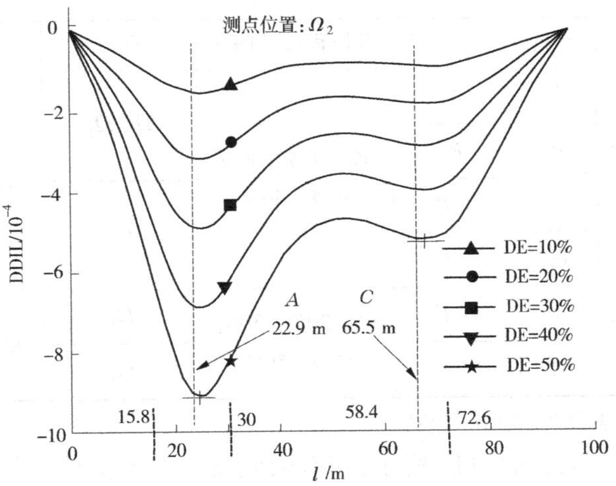

(d)工况Ⅳ

续图 3-12

在此算例中设立 4 种试验工况，探究吊杆损伤数目、位置、程度以及测点位置对位移差值影响线的损伤识别效果。算例损伤工况如表 3-7 所示。依据 DDIL 作为主要损伤指标对吊杆识别情况展开分析研究。对此设立工况Ⅰ、Ⅱ验证在不同损伤位置及损伤程度下 DDIL 对吊杆的损伤识别效果；同样工况Ⅲ、Ⅳ也采用类似的既定工况检验 DDIL 对多处吊杆损伤的诊断效果(限于研究篇幅，以两处损伤为例)。

首先对系杆拱桥进行移动集中力加载并提取损伤前、后测点的位移影响线。再通过中心差分法处理位移损伤曲线，以此消除有限元算例中位移影响线数据的误差。与此同时，以桥梁跨径 l 作为横坐标变量、以 DDIL 计算值作为纵坐标变量，绘制损伤识别结果(见图 3-12)。

表 3-7　算例损伤工况

<table>
<tr><th>桥型</th><th>工况</th><th>损伤位置</th><th>损伤程度(DE)</th><th>测点位置</th><th>结果</th></tr>
<tr><td rowspan="4">下承式系杆拱桥</td><td>Ⅰ</td><td>A</td><td rowspan="4">10%、20%、30%、40%、50%</td><td rowspan="2">Ω_1、Ω_2</td><td rowspan="4">见图 3-12</td></tr>
<tr><td>Ⅱ</td><td>B</td></tr>
<tr><td>Ⅲ</td><td>A、B</td><td rowspan="2">Ω_2</td></tr>
<tr><td>Ⅳ</td><td>A、C</td></tr>
<tr><td rowspan="2">中承式系杆拱桥</td><td>Ⅴ</td><td>D、E</td><td rowspan="2">10%、20%、30%、40%、50%</td><td>Ω_3</td><td rowspan="2">见图 3-14</td></tr>
<tr><td>Ⅵ</td><td>F、G</td><td>Ω_4</td></tr>
</table>

注:*A*~*G* 表示假定损伤吊杆位置。

如图 3-12(a)、(b)所示,在有限元模型中模拟单一吊杆损伤时,发现假定的损伤位置附近出现曲线的峰值。这与理论推导的解析式分析结果一致。通过对比发现,在不同检测位置所测取的位移影响线均可以有效识别吊杆损伤的位置。进一步分析发现,在某些测点虽然可以识别损伤位置,但是曲线存在一定的波动,这在后文将继续探究。如图 3-12(c)、(d)是对多吊杆损伤识别的验证结果。发现当损伤吊杆位置相近时,连续峰值的出现会相互影响。当损伤吊杆位置存在一定距离时,根据曲线峰值的位置可以有效定位出吊杆损伤位置。因此,DDIL 指标在识别拱桥吊杆损伤方面具有良好的效果,这与前述理论分析一致。

3.4.2　中承式拱桥算例

某中承式系杆拱桥计算跨径 34. 28 m,共设有 10 根吊杆,吊杆中心距 5 m,设计截面为实腹圆形截面,直径 *D* 为 0. 075 m,采用 Strand1860 材料。该中承式系杆拱桥的混凝土材料的强度等级为 C40。根据上述信息特征建立如图 3-13 所示的中承式系杆拱桥 MIDAS/Civil 模型。

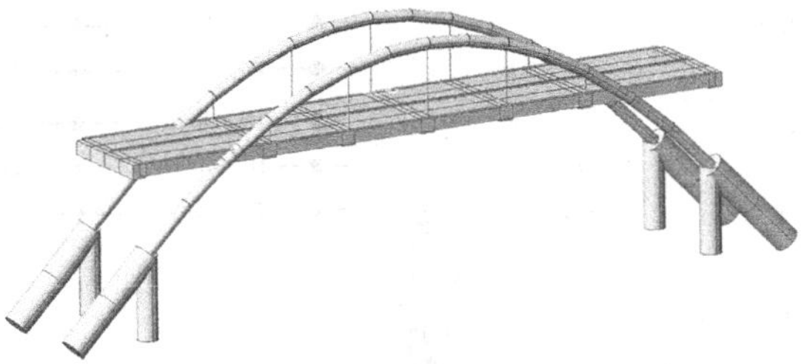

图 3-13　中承式系杆拱桥 MIDAS/Civil 模型

模型基本假设与下承式系杆拱桥模型相同。本节将采用 49 kN 的集中力模拟移动荷载,在纵梁节点上设有 75 个移动加载步。在本节算例中引入单一损伤工况 V 和两处损伤工况 VI(见表 3-7),损伤实现方式同下承式系杆拱桥实施案例。

通过分析中承式系杆拱桥中吊杆的损伤识别案例(见图 3-14)发现,损伤曲线的变化主要存在于吊杆区域。通过对比单一吊杆及两处吊杆[见图 3-14(a)]的损伤工况,发现损伤识别结果与下承式拱桥类似。综合上述研究可以发现位移差值影响线法可以有效识别不同损伤程度的吊杆损伤。

3.4.3　模型误差分析

为了验证位移差值影响线法对拱桥吊杆的损伤识别效果,本节采用了准静态移动集中力在模型纵梁上的加载方式。但是这种情况可能会与实际加载情况存在一定的差异。因此,本节将分析准静态移动集中力的加载间距、加载路径、加载重量以及测点位置对下承式系杆拱桥模型结果的影响。与此同时,由于在实际测量中会出现人为测量或环境因素引起的误差,因此引入噪声的损伤工况进行验证。

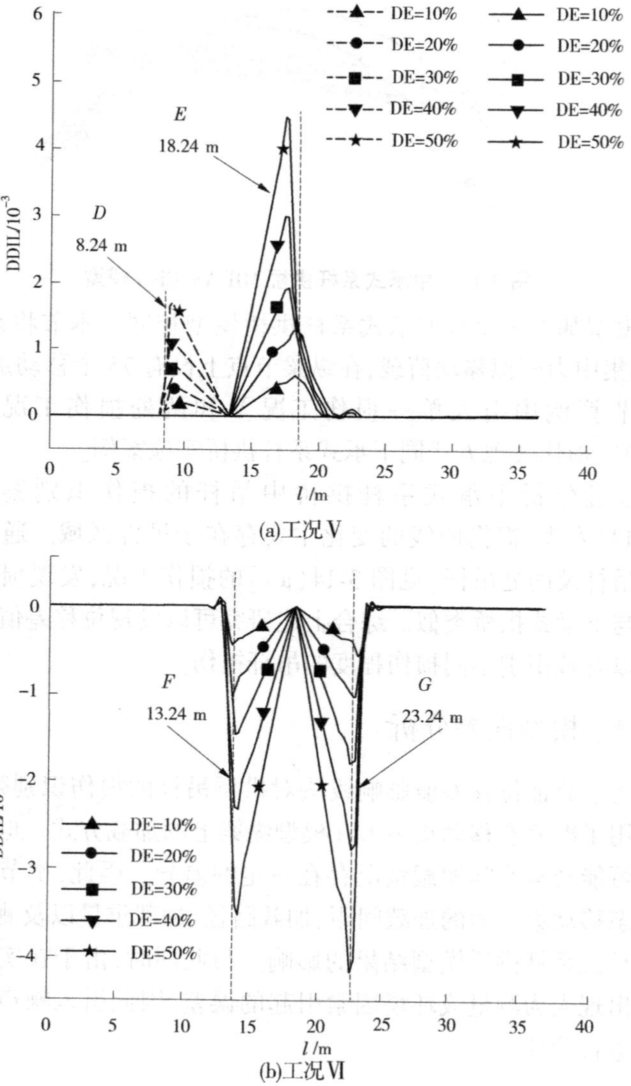

图 3-14　中式系杆拱桥中吊杆的损伤识别结果

3.4.3.1　加载间距

为研究加载间距对识别效果的影响，将通过单一控制变量法对拱桥模型进行分析。通过控制不同加载间距（加载步）对模型进行提取位移影响线数据，再运用位移差值影响线法进行处理［见图 3-15（a）］。为了便于曲线间的对比及直观分析，对原先接近重合的曲线进行放大倍数（IS）处理。根据试验结果发现，随着加载间距的减小，识别精度更加精确。此外，在同一损伤程度下，当加载点越接近于损伤吊杆位置时，所得到的数据将会越精准。因此，在实际加载过程中须控制好加载间距，以避免影响识别损伤效果。

3.4.3.2　加载路径

为简便分析，本次研究模型将加载路径设置于中间纵梁处。在实际工程中，通常这个位置作为中央分隔带区域。通过控制单一变量法研究了加载路径对模型结果的影响［见图 3-15（b）］。结果表明加载路径的不同不会影响整体的识别效果。同时，随着加载路径距离待测吊杆位置越近，所得到的力学响应结果越明显。

3.4.3.3　加载重量

由于试验车辆荷载较拱桥自重较小，本书先前使用 196 kN 的集中力模拟移动荷载。如图 3-15（c）所示，为分析荷载重量对模拟结果的影响，又考虑了 98 kN、294 kN、392 kN、490 kN 的集中力工况。为直观地表示不同轴载下结构位移影响线间的差异，将曲线峰值点的数值标出。模拟结果表明，由于中心差分法及归一化处理，模型中不同荷载力对模型的识别效果影响甚微。而在实际工程中需要综合考虑轴载大小、桥梁跨径、监测设备等因素，选择合理的加载方案。

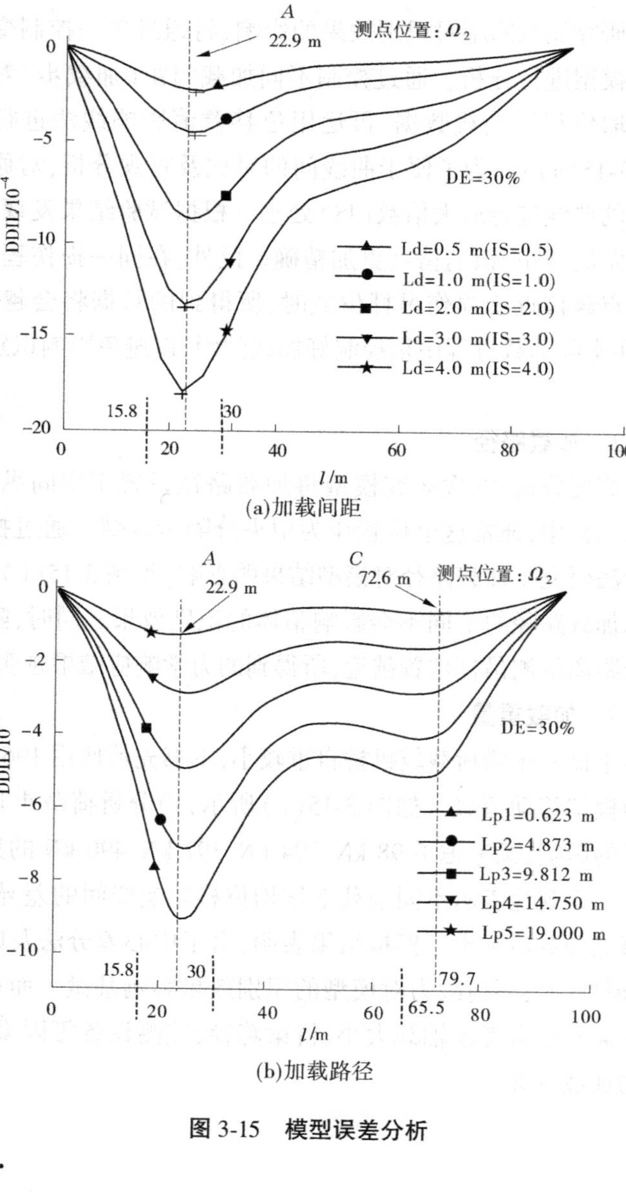

(a)加载间距

(b)加载路径

图 3-15　模型误差分析

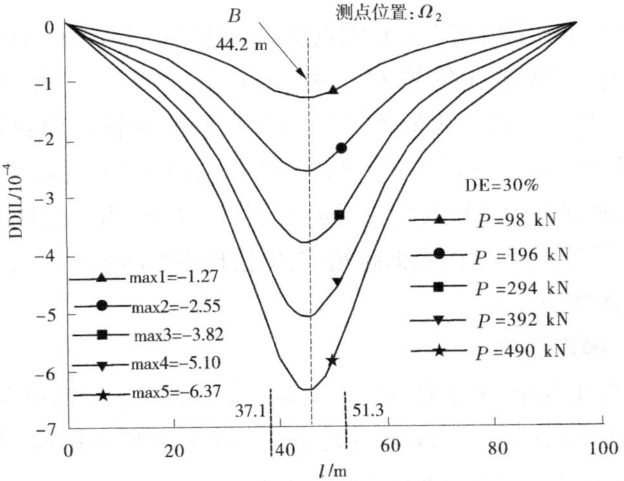

(c)加载重量

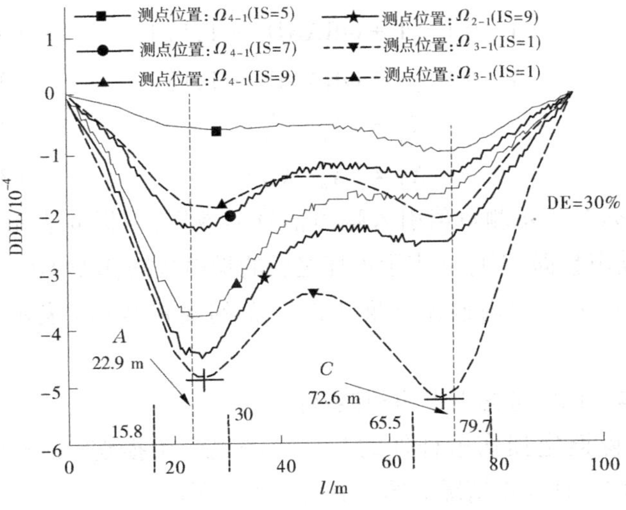

(d)测点位置

注：Ld—加载间距；IS—放大倍数；Lp—加载路径。

续图 3-15

3.4.3.4 测点位置

实际工程中采用该方法对测点位置的选取尚不明确。针对此情况,研究不同测点位置对吊杆损伤识别的评估效果,如图 3-15(d)所示。由于不同测量位置所提取的位移响应数据不同,因而在测点位置分析图中图像不够显著,故同样采用放大倍数(IS)的处理方式。比较发现,在同一损伤程度下,当测点越接近于损伤位置时,所得到的数据越精准,即损伤识别的敏感性与测点到损伤处距离成反比。

3.4.3.5 噪声误差

在实际工程中,由于复杂的环境会产生各式各样的噪声误差,因此在本算例中引入不确定系数 $\omega(x)$ 以考虑噪声影响,其中 $\omega(x)$ 为服从随机高斯分布的不确定系数。

噪声以如下误差方式引入:

$$V_{ui}^{N} = V_{ui}[1 + \omega \mathrm{RAND}(-1,1)] \tag{3-14}$$

$$V_{di}^{N} = V_{di}[1 + \omega \mathrm{RAND}(-1,1)] \tag{3-15}$$

$$X_{u}^{N} = [X_{u1}^{N}, X_{u2}^{N}] \tag{3-16}$$

$$X_{d}^{N} = [X_{d1}^{N}, X_{d2}^{N}] \tag{3-17}$$

式中,上标 N 表示测量值引入噪声信息的数据;下标 u 表示损坏之前的噪声数据;下标 d 表示损坏之后的噪声数据;RAND(-1,1) 表示-1 到 1 范围内遵循标准正态分布的随机数;ω 表示其噪声水平。

在本算例中考虑以下两种误差:

(1) 除既定损伤吊杆外的其余吊杆也赋予损伤($\omega = 1\% \sim 5\%$),具体吊杆损伤情况如图 3-16(a)、(b)所示。

(2) 在数据处理阶段引入误差($\omega = 8\%$),以便模拟测试过程中的测量误差。

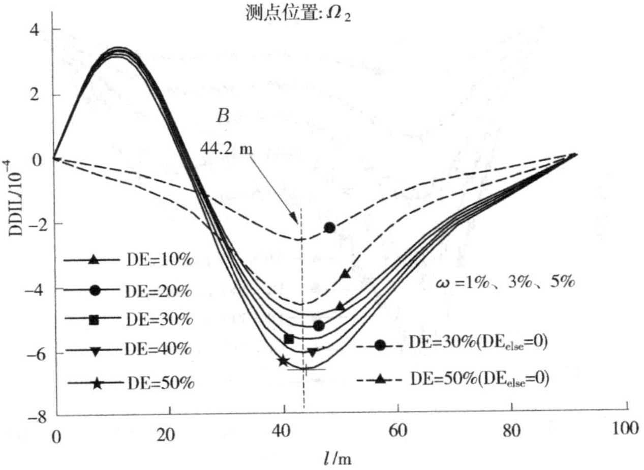

(a)一处吊杆损伤误差

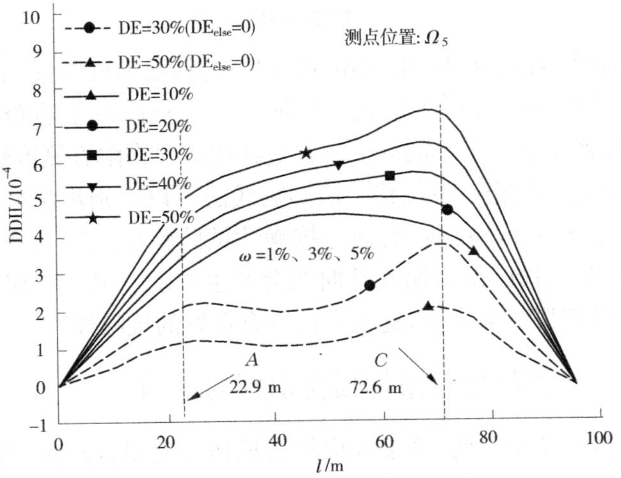

(b)两处吊杆损伤误差

注：DE_{else}—其余损伤。

图 3-16　噪声误差的影响

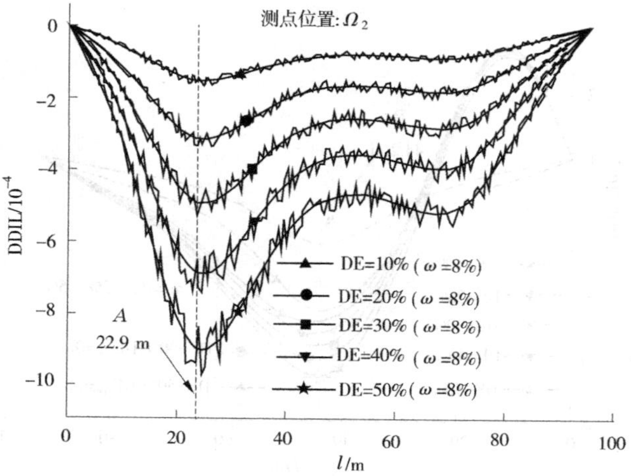

(c)测试数据误差

续图 3-16

模拟结果表明[见图 3-16(a)、(b)],其余吊杆的损伤会对结构的整体识别效果产生影响。在加载起始阶段由于边跨吊杆损伤,曲线产生了一个小的峰值。在选择假定损伤附近测取数据,发现在 5%的环境误差下位移差值影响线法可以识别出吊杆的损伤情况。如图 3-16(c)所示,通过抗噪性试验验证,在 8%测试噪声下,损伤程度诊断结果偏大且曲线会产生波动。但是对识别损伤发生的位置影响偏小,因此该方法具有良好的抗噪性。

3.4.4 构件损坏对吊杆损伤识别的影响

系杆拱桥中拱肋、系梁等构件的损伤会对吊杆产生不同程度的影响。本节以位移差值影响线曲线峰值作为变量结果,以系梁、拱肋、风撑、中横梁和桥面板的损伤程度作为影响因素,采用灰色关联法和基于集成的机器学习方法综合比较和评价上述因素对吊杆损伤识别的影响。

3.4.4.1　**灰色关联分析**

灰色关联分析(gray correlation analysis,GCA)是一种多因素统计分析方法,用于描述样本数据中各因素之间关系的强弱、大小和次序。如果两个因素变化的趋势具有一致性,即同步变化程度较高,则二者之间的关联程度较高。这种方法可以在很大程度上减少由于信息不对称带来的损失,适用于样本个数较少的情况。

其主要分析步骤如下:

(1)原始的试验数据用矩阵 **Z** 表示。

$$\mathbf{Z}=\begin{bmatrix} x_{11} & x_{12} & \cdots & x_{1m} \\ x_{21} & x_{22} & \cdots & x_{2m} \\ \vdots & \vdots & & \vdots \\ x_{n1} & x_{n2} & \cdots & x_{nm} \end{bmatrix} \tag{3-18}$$

(2)对初始数据进行均值化(无量纲化处理)。

$$y(k)=x(k)\Big/\frac{1}{n}\sum_{k=1}^{n}x(k) \tag{3-19}$$

(3)计算各指标的关联系数 $\xi_i(k)$。

$$\xi_i(k)=\frac{\min_i\min_k\Delta_i(k)+\rho\max_i\max_k\Delta_i(k)}{\Delta_i(k)+\rho\max_i\max_k\Delta_i(k)} \tag{3-20}$$

$$\Delta_i(k)=\left|x_0(k)-x_i(k)\right| \tag{3-21}$$

式中　$x_i(k)$ ——特征列;

$x(k)$——原始试验数;

$x_0(k)$——参考特重特征列;

n——数据数量;

$\min_i\min_k\Delta_i(k)$、$\max_i\max_k\Delta_i(k)$——两级最小差和两级最大差;

ρ ——分辨系数,一般取值 0.5。

(4)将关联系数矩阵求均值得到关联度。

$$\gamma_i = \frac{1}{n}\sum_{k=1}^{n}\xi_i(k) \tag{3-22}$$

3.4.4.2　建立数据指标

从工程实践的角度分析，系梁承担了拱桥结构的主要承载力。依据前文对有限元模型的分析，通过控制单一变量，考虑了系梁、拱肋、风撑、中横梁和桥面板的损伤程度对吊杆损伤识别结果的影响。如图 3-17 所示，系梁和拱肋结构的损伤对吊杆的影响较大，桥面板和中横梁的损伤对吊杆影响较小，而风撑几乎无影响。进一步分析发现，在整体考虑 5 种构件与吊杆之间的损伤关系时，系梁相较于其他构件具有十分明显的影响。为了通过数值分析方法准确地得出关联系数，在有限元模型假定的基础之上应用正交试验的方式设立了 60 种不同的损伤情况（见表 3-8）。

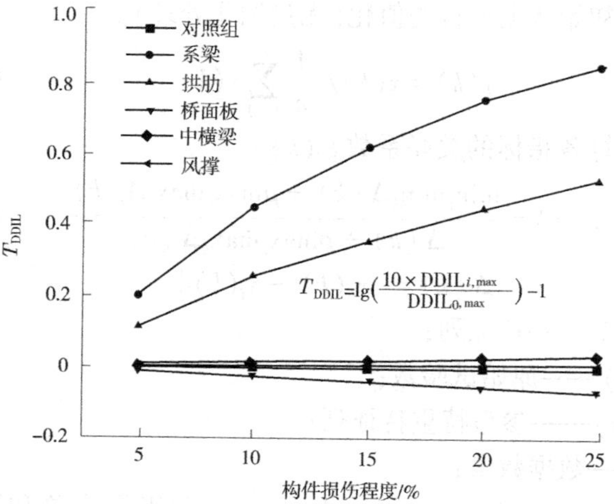

注：T_{DDIL}——影响程度。

图 3-17　构件损伤对吊杆的影响

表 3-8 结构构件损伤工况

组别	数量	系梁	拱肋	桥面板	中横梁	风撑	$DDIL_{max}$	
							最小值	最大值
1	32	0, 5%	0, 5%	0, 5%	0, 5%	0, 5%	-0. 384	-0. 064
2	16	—	5%, 10%	5%, 10%	5%, 10%	5%, 10%	0. 277	0. 393
3	8	—	—	5%, 10%	5%, 10%	5%, 10%	0. 208	0. 218
4	4	—	—	—	5%, 10%	5%, 10%	0. 222	0. 225
总计	60	0~5%	0~10%				-0. 384~0. 393	

注:假定损伤吊杆损伤程度恒定为 50%。

3. 4. 4. 3　影响分析

灰色关联分析的基本思想是通过确定参考数据列和若干个比较数据列的几何形状相似程度来判断其联系的紧密性,它反映了曲线间的关联程度。因此,以系梁等构件损伤作为影响因素以及子序列(单位统一为损伤程度),将位移差值影响线的峰值结果作为母序列。如图 3-18(a)所示,与吊杆损伤关联程度联系最紧密的是系梁,其次是拱肋、桥面板和中横梁结构。而风撑损伤与吊杆关联程度联系相对最弱。

实际上,在回归预测分析时,通常会分析因变量对指标的依赖关系,即变量重要性。一定程度上,通过衡量构件损伤与吊杆损伤指标之间的中重要性也可以反映相关程度。图 3-18(b)采用的是回归分析中的随机森林相关系数(以 Gini 指数作为评价指标,即 VIM)以及 Pearson 相关系数($\rho_{x,y}$)进行对比分析。根据重要性排序得到的结果与有限元分析以及灰色关联分析几乎一致。由于在回归分析中选取数据预测存在随机性,且该分析方法需要相对较大的数据样本,因此在衡量重要性时可能会存在误差。

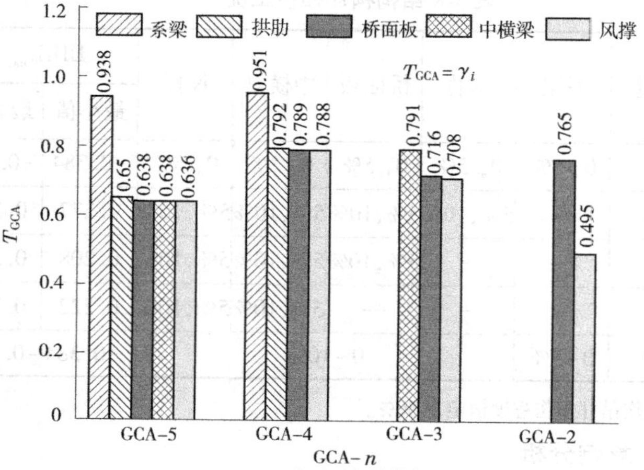

(a)灰色关联分析

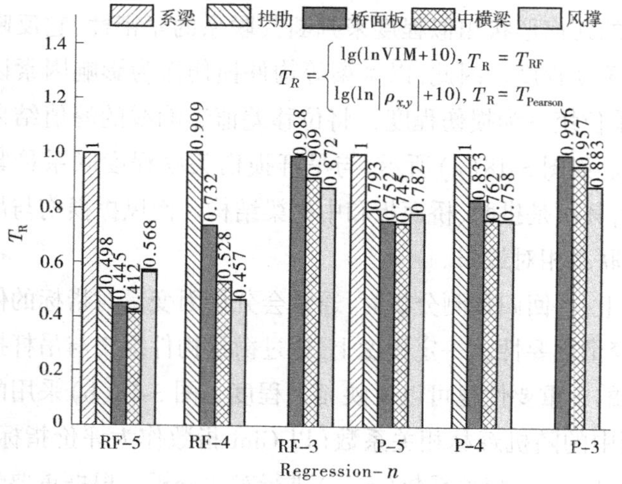

(b)随机森林和Pearson相关系数

注：T_{GCA}—关联程度；T_R—重要性程度；T_{RF}—随机森林重要性；$T_{pearson}$—Pearson重要性；Regression—回归模型。

图 3-18　损伤部件的相关性分析

综上所述,拱桥各类构件的损伤会在不同程度上影响吊杆损伤识别以及整体结构的力学性能。通过有限元分析、灰色关联分析以及回归分析 3 种方式,发现与吊杆损伤关联程度依次为系梁、拱肋、桥面板、中横梁以及风撑结构。

3.5 小　结

本章一方面建立了下承式系杆拱桥的理论模型及有限元分析模型,推导了吊杆应变影响线解析式,提出了一种吊杆损伤识别的方法,并结合算例验证了应变影响线差值曲率法评估拱桥吊杆损伤的可行性。另一方面,通过力学分析提出了位移差值影响线的拱桥吊杆损伤识别方法,并结合有限元数值模型验证了该方法对拱桥吊杆损伤识别的准确性和有效性,最后通过灰色关联度等分析方法寻找对吊杆损伤敏感程度较大的拱桥构件。得到的主要结论如下:

(1)建立了下承式系杆拱桥吊杆应变影响线的解析表达式,提出利用应变影响线差值及应变影响线差值曲率两种损伤指标定义吊杆损伤程度,算例验证表明,该类指标可以有效识别损伤位置,且应变影响线差值曲率识别结果更精准可靠。

(2)通过理论分析提出了 3 根吊杆损伤识别方法,借助有限元法扩展验证了该方法在多吊杆模型中的适用性。研究发现应变影响线差值曲率法即使在 10%测试噪声下仍可以精确识别单一和多处吊杆损伤;在同一损伤程度下,测点到损伤吊杆的距离与损伤识别的敏感性成反比,即使在不同测点提取的应变响应值不同,但是仍可以有效识别损伤。

(3)研究发现,在拱桥其他构件发生损伤时,应变影响线差值曲率法仍可以对吊杆损伤进行评估。在相同程度下中横梁和桥面板的损伤对结构损伤较小,而拱肋及系梁的损伤会对结构整体危害性较大。

(4)考虑拱桥吊杆力学特性建立弹性支撑梁模型，分析在准静态移动荷载下吊杆的位移影响线，提出了基于位移差值影响线的拱桥吊杆损伤识别方法，并通过系杆拱桥算例验证了该方法识别损伤位置的可行性。

(5)通过中、下承式系杆拱桥有限元模型，考虑了加载间距、加载路径、载荷大小以及测点位置对位移差值影响线损伤识别效果的影响。利用加载重车建立了拱桥吊杆荷载试验方案。发现精细化的加载方案可以显著提高吊杆损伤程度和损伤位置的检测精度。与损伤吊杆位置相邻的加载位置比其他加载位置包含更多的损伤信息。

(6)通过对有限元模型分析发现，在同一损伤程度下，测点到损伤吊杆的距离与损伤识别的敏感性成反比。引入噪声误差的工况表明，在8%的测量误差或5%的环境误差下仍具有良好的噪声鲁棒性。因此，从位移影响线中提取吊杆损伤指标是可行的。

(7)结合有限元模型设立了60组正交试验，通过灰色关联分析以及机器学习的特征选择方法验证拱桥其他构件损伤与吊杆损伤之间的敏感程度。综合比较有限元模型验证结果，发现拱桥中系梁和拱肋对吊杆及结构的损伤影响较大，桥面板和中横梁影响程度相对较小。

第 4 章　拱桥吊杆更换施工控制方法

由于不同拱桥的结构刚度、减震装置、受损状况和施工方法不同,待更换吊杆的荷载传递效率不同。为最大限度地保证结构体系转换的各个临时阶段以及最终阶段的桥梁响应与初始状态一致,本章首先计算出荷载传递效率,然后根据荷载传递效率计算出各级索力值,最后采用体外力的方法将计算索力值输入修正后的有限元模型中,据此可以得到各阶段较为精确的桥梁响应,以指导工程实践。

在吊杆更换施工过程中,常采用割断一定比例的待更换吊杆截面面积的方式来等效卸载索力。在弹性范围内,卸载索力值为当前索力值的百分比,该值受到施工荷载、交通荷载以及当前索力值的共同影响,因此必须按照施工顺序逐级计算索力值。

4.1　拱桥吊杆索力置换过程研究

在卸载待更换吊杆过程中,设第 i 个工序时待更换吊杆截面面积为 A_i,索力值为 F_i,应变为 ε_i;临时吊杆截面面积为 A'_i,索力值为 F'_i,应变为 ε'_i。设临时吊杆第 i 次张拉值为设计索力的 a_i;待更换吊杆第 i 次切割面积为总面积的 b_i,则:

$$\sum_{i=1}^{n} a_i < 1 \tag{4-1}$$

$$\sum_{i=1}^{n} b_i = 1 \tag{4-2}$$

其中,临时吊杆索力值包括张拉临时吊杆而增加的吊杆力和待更换吊杆卸载传递的吊杆力两部分,因此 $\sum a_i$ 通常小于 1,该值与临时吊杆和待更换吊杆之间的传递效率有关。因此,在计算吊杆索力之前,需要分析临时吊杆与待更换吊杆之间的荷载传递规律。

4.1.1 待更换吊杆荷载传递效率

吊杆编号如图 4-1 所示。首先,在 4 号吊杆位置施加单位体外力以计算割断待更换吊杆时其对其余吊杆的荷载传递效率。经计算发现,改变待更换吊杆截面面积并不会影响其荷载传递效率,即对临时吊杆的荷载传递效率始终为 24%;对同侧 1～7 号吊杆(不包括 4 号待更换吊杆)的荷载传递效率始终分别为 4%、14%、26%、22%、11%、3%;对其余吊杆的累计荷载传递效率不超过 6%。据此可以推断,在既有的模型假设条件下,割断待更换吊杆的过程中,卸载的索力值在其余吊杆中分配的比例基本不变。经计算,该推断对于其他吊杆均成立,由于桥梁的对称关系,仅列出待更换吊杆为 1~6 号吊杆时的荷载传递效率,如表 4-1 所示。

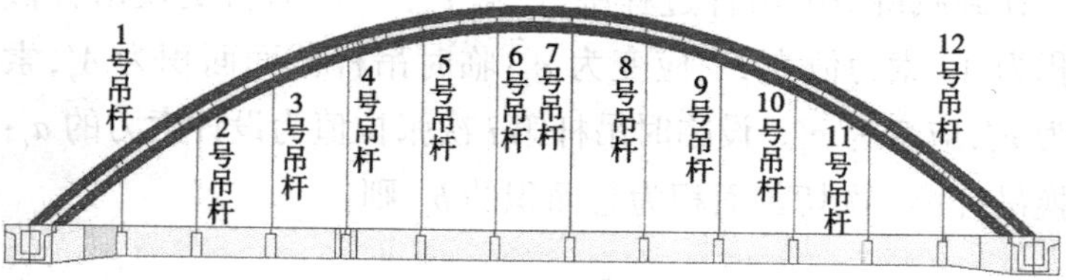

图 4-1　吊杆编号

表 4-1　待更换吊杆荷载传递效率　%

待更换吊杆	荷载传递效率									
	同侧部分吊杆									其余吊杆累计传递效率
	1 号	2 号	3 号	4 号	5 号	6 号	7 号	8 号	临时吊杆	
1 号吊杆	—	15	6	2	0	1	1	0	12	<2
2 号吊杆	25	—	21	9	3	0	1	1	25	<4
3 号吊杆	13	27	—	22	11	3	0	1	24	<5
4 号吊杆	4	14	26	—	22	11	4	1	24	<6
5 号吊杆	0	5	13	24	—	23	12	4	24	<6
6 号吊杆	1	0	4	13	24	—	23	12	24	<10

由表 4-1 可知，全桥吊杆的荷载传递效率均不超过 27%，两侧短吊杆的传递效率最低（不超过 15%），这是因为短吊杆距离拱脚最近，拱脚的约束作用较强而限制了荷载的进一步传递，同时，拱脚与短吊杆之间的拱肋在肋板内也注满了混凝土，拱肋的局部刚度较大，这也有助于荷载更高效地传向拱脚。相邻吊杆的荷载传递效率最高（次相邻吊杆的传递效率约为相邻吊杆的一半，且不超过 14%），且相邻吊杆中的较短吊杆具有更高的传递效率（次相邻吊杆也有同样的规律），这是因为荷载优先沿着拱轴线传向距离较近的拱脚位置。

此外，在计算过程中采用的是施加单位体外力的方法，该方法所得结果与施加对称或反对称的单位力荷载的方法不同，但是当将吊杆的作用完全等效为单位力（删除待更换吊杆单元，以节点荷载的方式代替）时结果一致，这是因为体外力的方法能确保吊杆的内力等于单位力，而在吊杆两端直接施加单位力时，由于结构对荷载的分配作用，待更换吊杆的内力仅占30%左右，此时的荷载传递效率更接近于张拉或卸载临时吊杆时，临时吊杆对其余吊杆的传递效率；当以节点荷载的方式完全替代待更换吊杆时，待更换吊杆的实际内力即为单位力，所得结果与施加单位体外力的结果相同，这也进一步表现出了体外力的索力施加方法的优越性。

4.1.2 临时吊杆荷载传递效率

在临时吊杆处采用相同的方式计算张拉临时吊杆时临时吊杆对其余吊杆的荷载传递效率，待更换吊杆初始截面面积为 A_0，荷载传递效率如表4-2所示。

表4-2 临时吊杆荷载传递效率 %

待更换吊杆面积	同侧部分吊杆荷载传递效率（≥3%）							其余吊杆累计传递效率
	吊杆1	吊杆2	吊杆3	吊杆4	吊杆5	吊杆6	吊杆7	
$1.0A_0$	4	13	13	29	21	10	4	<4
$0.8A_0$	4	14	14	25	22	11	4	<4
$0.6A_0$	5	14	14	20	23	12	4	<4
$0.4A_0$	5	15	15	14	25	13	4	<4
$0.2A_0$	5	17	17	8	27	14	5	<6
$0.1A_0$	6	17	17	4	28	14	5	<6
$0.05A_0$	6	18	18	2	29	14	5	<6

新吊杆张拉过程中，临时吊杆通过千斤顶实现整束卸载，因此

不需要考虑吊杆剩余截面面积对荷载传递效率的影响。

由于不同拱桥的荷载传递效率不同,同一座拱桥不同吊杆的荷载传递效率也不同,且传递效率受到施工方法和桥梁运营状况的影响,该数值的变化范围较大。为分析得到该项数据,首先需要建立较为精确的有限元模型,然后基于模型对逐根吊杆开展试验计算,该过程费时费力,且模型结果难以通过计算验证,这对于吊杆更换施工方案的设计较为不利。

鉴于此,有必要推导出荷载传递效率的计算公式。以荷载传递效率 m_i 表示第 i 次张拉临时吊杆时其对待更换吊杆产生的卸载作用。通过吊杆的刚度表征荷载传递效率,并忽略荷载传递效率较小的吊杆(累计传递效率低于其他任何一根吊杆),如式(4-3)所示。传递效率计算公式中不计临时吊杆的刚度,这是因为采用施加对称、反对称单位力以完全替代临时吊杆的方法计算荷载传递效率时,其结果与体外力法一致,但该方法需要删除临时吊杆单元,可以认为,临时吊杆的截面特性对荷载传递效率产生的影响很小。

$$m_i = \frac{EA_{2i-1}}{\sum_{i=1}^{n-1} k_i EA_0 + EA_{2i-1}} \tag{4-3}$$

式中　k_i——第 i 号吊杆的刚度折减系数,$k_i \leqslant 1$;

n——参与计算的吊杆数量。

式(4-3)的计算结果如表 4-3 所示。当 $n=3$ 时,式(4-3)计算所得的临时吊杆对待更换吊杆的荷载传递效率与模型值最为接近,传递效率的最大差值不超过 4%($k_i=1$)。对刚度折减系数进行回归分析,当 $k_i=1.2$ 时,累积差值不超过 0.4%。

表 4-3　临时吊杆对待更换吊杆的荷载传递效率　　%

$n-1$	吊杆编号	临时吊杆对待更换吊杆(4号)的荷载传递效率						
		A_0	$0.8A_0$	$0.6A_0$	$0.4A_0$	$0.2A_0$	$0.1A_0$	$0.05A_0$
2	3、5号	33	29	23	17	9	5	2
3	2(6)3、5号	25	21	17	12	6	3	2
4	2、3、5、6号	20	17	13	9	5	2	1
5	1(7)、2、3、5、6号	17	14	11	7	4	2	1
6	1、2、3、5、6、7号	14	12	9	6	3	2	1

为研究待更换吊杆位置不同时临时吊杆的荷载传递效率的变化规律，基于修正有限元模型，采用相同的方法计算更换其余吊杆时，临时吊杆对于待更换吊杆的荷载传递效率，结果如图 4-2 和图 4-3 所示。

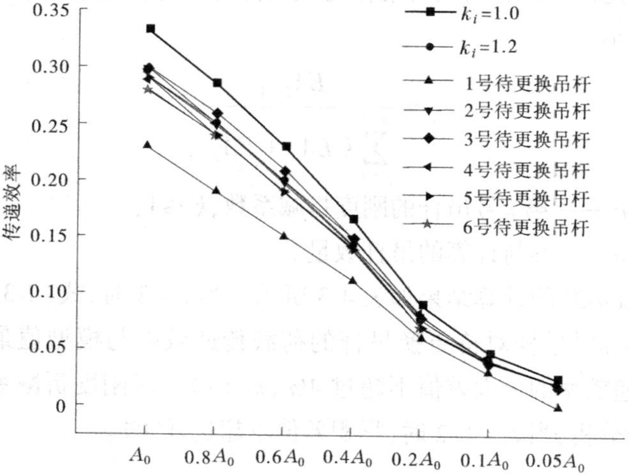

图 4-2　临时吊杆对待更换吊杆的荷载传递效率

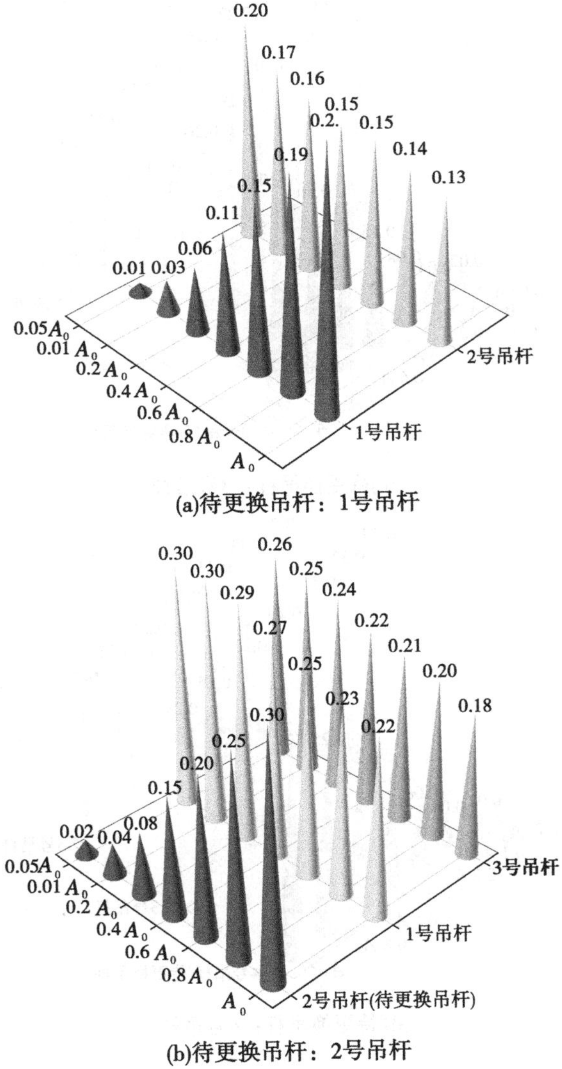

(a)待更换吊杆：1号吊杆

(b)待更换吊杆：2号吊杆

图 4-3　待更换吊杆位置对荷载传递效率的影响

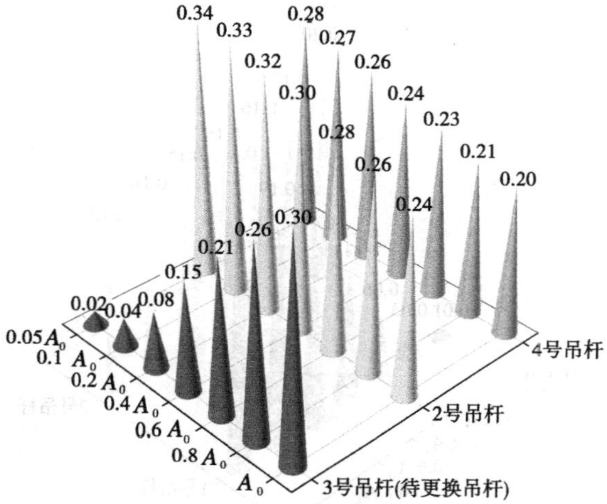

(c)待更换吊杆：3号吊杆

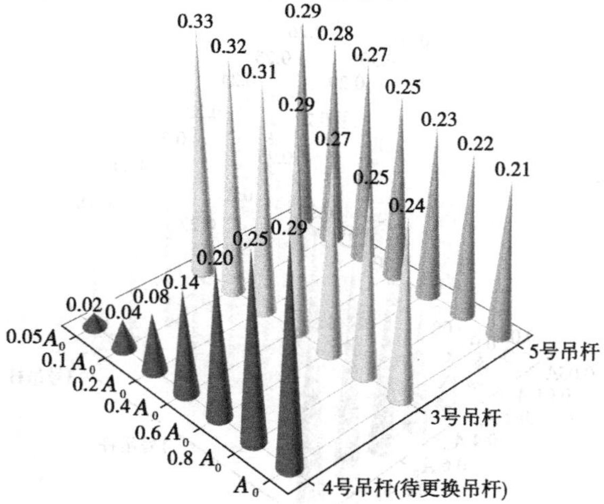

(d)待更换吊杆：4号吊杆

续图 4-3

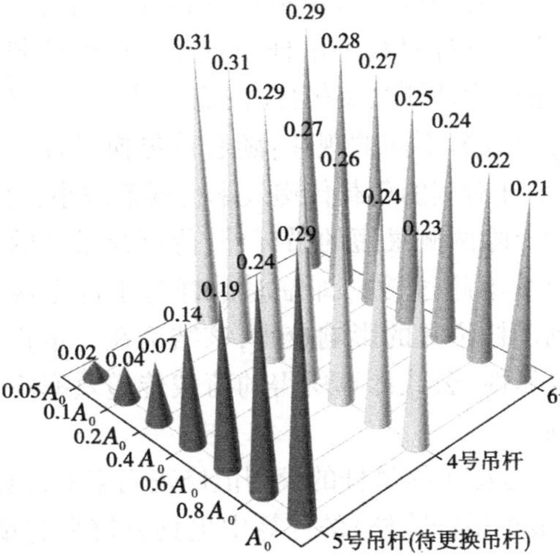

(e)待更换吊杆：5号吊杆

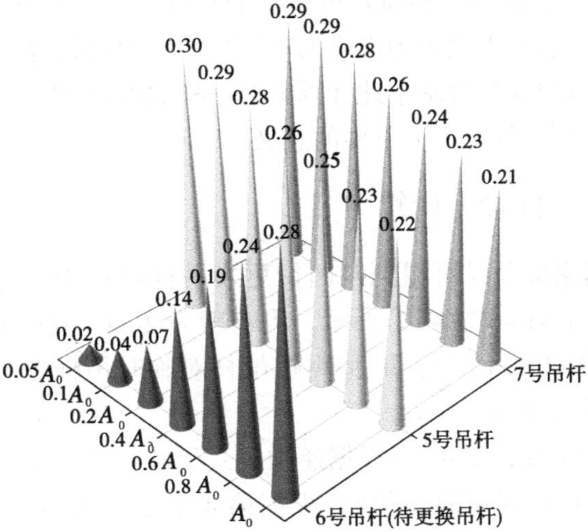

(f)待更换吊杆：6号吊杆

续图 4-3

经分析发现,临时吊杆与待更换吊杆相互之间的传递效率具有类似的规律:临时吊杆对相邻吊杆中较短吊杆的荷载传递效率更高;当待更换吊杆为两侧最短吊杆时,临时吊杆的荷载传递效率最低。这两者也存在着不同的规律:随着待更换吊杆剩余截面面积的减小,临时吊杆对其的荷载传递效率也逐渐减小,对其余吊杆的传递效率增大。除两侧最短的吊杆外,待更换吊杆的位置对荷载传递效率的影响不超过 2%,即临时吊杆对于待更换吊杆的荷载传递效率受到吊杆位置的影响较小,该结论在一定程度上验证了计算公式的可靠性(公式计算所得的荷载传递效率不受待更换吊杆位置的影响)。

同时,根据 4 号待更换吊杆的模型值修正而来的计算公式,在其余吊杆(两侧最短吊杆除外)的计算中也具有较高的精度,最大差值不超过 1.4%;当未对计算公式进行修正时,最大差值不超过 5%。由此可知,本章所提出的计算公式可以用于荷载传递效率的估算及校核;在得到较为准确的非端部吊杆的荷载传递效率之后,为节约计算时间,可基于此计算其余吊杆的索力,该结论尤其在更换全桥吊杆时具有十分重要的意义。

4.1.3 吊杆索力计算

根据递推公式可得到割断待更换吊杆过程中索力的计算方法,如式(4-4)~式(4-13)所示。当步骤为 $2i$ 时(其中 $i=1,2,\cdots,n$),根据第 4.1.1 节可知,待更换吊杆对临时吊杆的荷载传递效率保持不变,即 $m_{2i}=m_2$。

当步骤为 $2i-1$ 时,仅根据递推公式无法计算出荷载传递效率在索力转移过程中的变化值(根据第 4.1.2 节可知,临时吊杆对于待更换吊杆的荷载传递效率随着待更换吊杆剩余截面面积的减小而减小),导致无法直接计算出吊杆索力值。将本章所提出的式(4-3)应用于递推公式中,可有效解决索力的计算问题。鉴于此,在递推公式的基础上,对吊杆索力计算公式进行改进。

(1)当步骤为 $2i-1$ 时:

$$A_{2i-1} = A_{2i-2} \tag{4-4}$$

$$F_{2i-1} = F_{2i-2} - m_{2i-1} a_i F_0 \tag{4-5}$$

$$\begin{cases} F'_{2i-1} = F'_{2i-2} + a_i F_0 \quad (F_{2i-2} > m_{2i-1} a_i F_0) \\ F'_{2i-1} = \dfrac{F_{2i-2}}{m_{2i-1}} \quad (F_{2i-2} < m_{2i-1} a_i F_0) \end{cases} \tag{4-6}$$

$$\Delta\varepsilon_{2i-1} = \frac{-m_{2i-1} a_i F_0}{EA_{2i-1}} \tag{4-7}$$

$$\begin{cases} \Delta\varepsilon'_{2i-1} = \dfrac{a_i F_0}{E'A'} \quad (F_{2i-2} > m_{2i-1} a_i F_0) \\ \Delta\varepsilon'_{2i-1} = \dfrac{F_{2i-2} - m_{2i-1} F'_{2i-2}}{m_{2i-1} E'A'} \quad (F_{2i-2} < m_{2i-1} a_i F_0) \end{cases} \tag{4-8}$$

第 $2i-2$ 步骤时,当待更换吊杆的剩余索力值 F_{2i-2} 小于第 $2i-1$ 步骤时张拉临时吊杆对待更换吊杆产生的卸载力 $m_{2i-1} a_i F_0$ 时,调整 F'_{2i-1},使第 $2i-1$ 步骤张拉临时吊杆后,待更换吊杆索力值趋近于 0(待更换吊杆还未被彻底割断)。

(2)当步骤为 $2i$ 时:

$$A_{2i} = A_{2i-1} - b_i A_0 \tag{4-9}$$

$$F_{2i} = F_{2i-1} - F_{2i-1} \cdot \frac{b_i A_0}{A_{2i-1}} \left(1 - m \frac{EA_{2i}}{EA_{2i} + E'A'}\right) \tag{4-10}$$

$$F'_{2i} = F'_{2i-1} + F_{2i-1} \cdot \frac{b_i A_0}{A_{2i-1}} \cdot \frac{mE'A'}{EA_{2i} + E'A'} \tag{4-11}$$

$$\Delta\varepsilon_{2i} = \frac{F_{2i} - F_{2i-1}}{EA_{2i}} = \frac{F_{2i-1}}{EA_{2i}} \cdot \frac{b_i A_0}{A_{2i-1}} \left(m \frac{EA_{2i}}{EA_{2i} + E'A'} - 1\right) \tag{4-12}$$

$$\Delta\varepsilon'_{2i} = \frac{F'_{2i} - F'_{2i-1}}{E'A'} = \frac{b_i A_0}{A_{2i-1}} \cdot \frac{mF_{2i-1}}{EA_{2i} + E'A'} \tag{4-13}$$

式中 A——吊杆剩余截面面积；

F——吊杆剩余索力值；

F'——调整后的吊杆剩余索力值；

$\Delta\varepsilon$——应变变化量；

$\Delta\varepsilon'$——调整后的应变变化量。

在计算待更换吊杆及临时吊杆在施工过程中的索力值之前，首先基于修正后的有限元模型分析得到吊杆的荷载传递效率，然后通过上述公式计算出各级理论索力值，最后将计算索力值以体外力的形式输入有限元模型中，从而较为精确地计算出整个施工过程中拱桥的受力及变形状况。

4.2 拱桥吊杆更换施工监控指标及评价方法

4.2.1 吊杆更换期间桥面转角监测

桥面铺装层承受着交通及环境荷载的反复作用，直接影响着行车的舒适性及安全性。在吊杆更换过程中，局部吊杆索力改变以及索力变化程度不同将导致桥面铺装产生变形，严重时将引起桥面铺装层开裂，不仅需要重新进行桥面铺装，还在很大程度上提高了车辆通行要求。因此，除新铺装的桥面外，如果在开放交通的条件下进行吊杆更换，非常有必要分析桥面铺装层的抗裂性能。

在待更换吊杆卸载后和临时吊杆卸载后的两种工况中，桥梁的临时状态与初始状态相比较为接近，桥面铺装层因变形较小而不易开裂。因此，在拆除待更换吊杆的过程中，以张拉临时吊杆后的临时状态为计算工况；在安装新吊杆的过程中，以张拉新吊杆后的临时状态为计算工况。转角 θ 计算简图如图 4-4 所示，图中 Δ_1、Δ_0、Δ_2 分别是临时状态下 3、4、5 号吊杆与桥面板连接处的位移；L 为相邻吊杆间距；θ 为待更换吊杆与桥面铺装层连接处的转角。

经分析发现，$\Delta_i/L \leqslant 0.001$，因此 θ 可按式(4-14)进行估算。

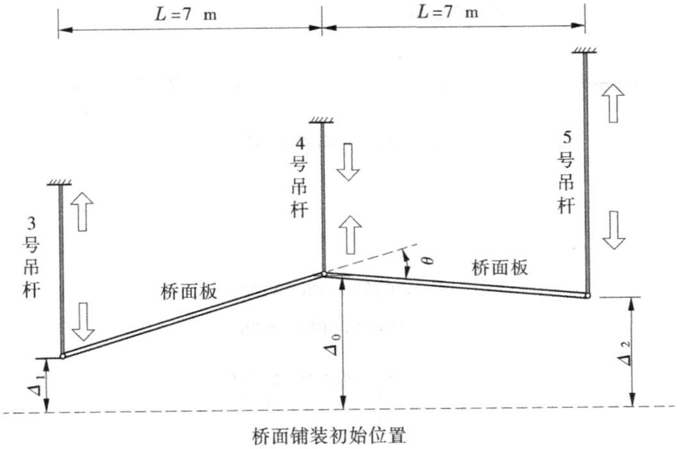

图 4-4　转角 θ 计算简图

$$\theta \approx \frac{\Delta_0 - \Delta_1}{L} + \frac{\Delta_0 - \Delta_2}{L} = \frac{2\Delta_0 - \Delta_1 - \Delta_2}{L} \tag{4-14}$$

根据《公路桥涵设计通用规范》(JTG D60—2015)取车辆荷载进行计算。基于移动荷载追踪器确定待更换吊杆与桥面连接处的位移最大时的车辆荷载布置区域，如图 4-5 所示，在各车道相应位置均布置一辆试验车辆。在该荷载参与的最不利荷载组合作用下，假定桥面板不发生开裂，计算得到桥面允许转角[θ]。

4.2.2　吊杆更换期间桥面标高监测

在实际工程中，准确测量桥面转角的难度较大(特别是在开放交通的条件下)，而 Δ_i 可以通过测量桥面标高得到，具有测试难度不高、测量成本较低、对路面交通干扰较小的优点。因此，通过控制桥面标高的方式控制桥面转角，从而避免了因吊杆更换施工

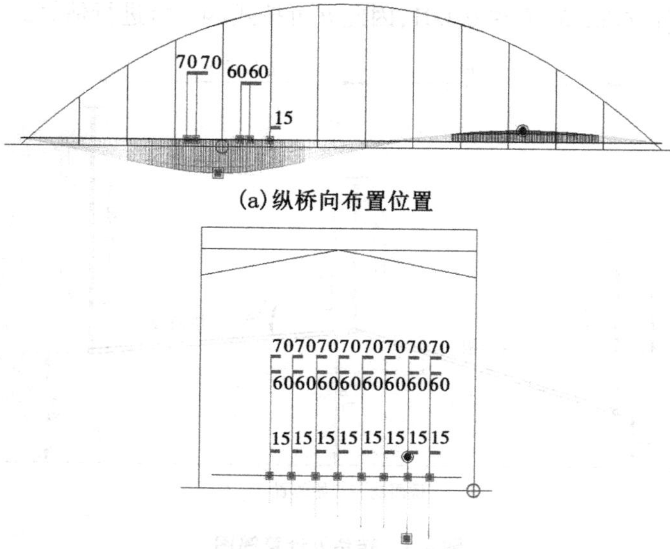

(a)纵桥向布置位置

(b)横桥向布置位置

图 4-5　车辆荷载最不利位置　(单位:kN)

导致的桥面铺装层开裂的问题。将式(4-14)进行变换,并根据最大允许转角$[\theta]$、相邻吊杆位置的桥面标高Δ_1、Δ_2计算待更换吊杆位置的标高变化允许值$[\Delta_0]$,如式(4-15)和式(4-16)所示。经计算,当安全系数取 1.5 时,$[\Delta_0]=10.12$ mm。因此,在施工时规定待更换吊杆位置的桥面标高变化值不超过 10 mm。

$$\Delta_0 = \frac{L}{2}[\theta] + \frac{\Delta_1 + \Delta_2}{2} \tag{4-15}$$

$$[\Delta_0] = \frac{\Delta_0}{n} \tag{4-16}$$

4.2.3　吊杆更换期间吊杆索力监测

索力是评价吊杆更换工程质量的最重要指标之一,为保证结构安全,规定各施工阶段的索力变化值不得超过桥梁运营状态下由移动荷载、温度荷载等环境因素引起的索力变化值。经计算,在最不利荷载组合作用的条件下,索力最大变化值为 297 kN。

频率法测索力是目前测量斜拉桥、悬索桥、系杆拱吊杆索力的应用最广泛的一种方法,不同于直接测量的方法,它是根据测量吊杆振动的固有频率推算吊杆索力的间接方法。根据吊杆的锚固情况,可选用如下经验公式。

(1)当吊杆索两端固结并考虑刚度时:

$$T = 4\pi^2 ml^2 \frac{f_n^2}{y_n^2} - \frac{EI}{l^2} y_n^2 \tag{4-17}$$

(2)吊杆索两端固接不考虑截面刚度时:

$$T = \frac{4\pi^2 ml^2 f_n^2}{y_n^2} \tag{4-18}$$

(3)吊杆两端铰接不考虑截面刚度时:

$$T = 4\pi ml^2 f_1^2 \tag{4-19}$$

$$\left.\begin{aligned} & y_n = n\pi + A\Phi_n + B\Phi_n^2 \\ & A = -18.9 + 26.2n + 15.1n^2 \\ & \Phi_n = \sqrt{\frac{EI}{m\omega_n^2 l^4}} \\ & \omega_n = 2\pi f_n \end{aligned}\right\} \tag{4-20}$$

$$B = \begin{cases} 290 & (n = 1) \\ 0 & (n > 1) \end{cases} \tag{4-21}$$

式中　f_n——吊杆横向振动的第 n 阶频率;

n——频率阶数;

m——吊杆索线密度;

l——吊杆索计算长度;

E——吊杆索弹性模量;

I——吊杆索截面刚度。

在准确测出吊杆频率的前提下,从式(4-17)~式(4-19)中选出一个适合该吊杆的方程,并且准确计算出吊杆的有效长度后,才能精确计算吊杆索力。然而,吊杆计算长度的精度受到吊杆长度的影响,且瞬时交通荷载也会造成索力值的突变,端部减震装置的影响也难以衡量,这导致在开放交通的条件下索力测量的精度不高。为解决该问题,除研究更为精准的索力测量方法外,还可以在方案设计时设计出索力变化较小的工程方案,从而测得较为精确而稳定的索力响应,相关研究将在第5章展开。

4.3 小　结

本章首先研究了拱桥吊杆更换过程中荷载传递效率的变化规律和计算方法,然后据此改进了索力计算公式。同时,对吊杆更换施工过程中的监控指标及评价方法进行了研究。主要得到如下结论:

(1)张拉临时吊杆和卸载待更换吊杆两种工况下的荷载传递效率具有相同的规律:相邻吊杆中较短吊杆的荷载传递效率总是较大;更换两侧最短吊杆时,荷载传递效率远低于更换其他吊杆时的数值;除两侧最短吊杆外,待更换吊杆对荷载传递效率的影响不超过3%。这两种工况下的荷载传递效率也具有不同的规律:待更换吊杆对临时吊杆的荷载传递效率随着待更换吊杆剩余截面面积的减小而减小,待更换吊杆对临时吊杆的荷载传递效率在施工过程中不发生变化。

(2)当 $n=3$、$k_i=1.2$ 时,4号待更换吊杆荷载传递效率的公式计算值与数值模拟值最接近,在索力置换过程中的累积差值不超过0.4%;保持参数 n、k_i 不变,改变待更换吊杆的位置(不包含两侧短吊杆),荷载传递效率的计算差值不超过1.4%。所提出的荷载传递效率计算公式具有较高的精度,可以用于荷载传递效率的估算和校核。同时,在分析得到某根待更换吊杆较为精确的荷载传递效率之后,可基于此计算其余待更换吊杆的索力置换值,这在更换全桥吊杆时具有重要的参考价值。

(3)以张拉临时吊杆及新吊杆后的临时状态为最不利计算工况,在最不利荷载组合作用的条件下计算桥面转角及桥面标高变化量的限值。经计算,当安全系数取 1.5 时,桥面标高的允许变化量为 10 mm;通过限制桥面标高的变化量可以实现对桥面转角的控制。

第5章 拱桥吊杆更换的稳健性设计方案

随着拱桥吊杆更换施工经验的积累,应考虑采取更加宽松的交通管制措施。本章重点研究在移动荷载、施工荷载和环境荷载的综合作用下,吊杆更换施工方案的稳健性设计方法。

在开放交通条件下进行吊杆更换施工,拱桥将受到交通荷载、温度、施工荷载和风荷载等因素的综合影响,由于这些因素均具有复杂多变的特点,十分有必要针对各种作用进行深入探讨。基于最不利工况进行方案设计时,虽然能够保证施工的安全性,但容易产生吊杆更换效率不高、成本较高的问题,如荷载分级数量过多、交通管制过于严格等;同时,使用最不利工况计算时难以准确计算出施工过程中桥梁的受力及变形效应,这导致无法精准地指导施工监控。

因此,为使得有限元法能够应用于开放交通条件下吊杆更换施工的整个过程中,以精确指导施工监控,本章在有限元法的基础上,基于稳健性设计方法对吊杆更换方案进行设计。

5.1 敏感因子的筛选及分类

田口方法是一种稳健性设计方法,由日本田口玄一提出,该方法旨在利用低成本可控因素限制高成本不可控因素的变化,以追求更加稳健的设计方案。田口方法通过信噪比表征方案的稳健性,信噪比可分为3类:当指标越小越好时,为望小特性;当指标越大越好时，为望大特性；当指标越接近目标值越好时，为望目特性。田口方法计算公式如式(5-1)～式(5-3)所示。田口方法的流程如图 5-1 所示。

$$\frac{S}{N}=-10\lg\left(\frac{1}{N}\sum y_i^2\right) \tag{5-1}$$

$$\frac{S}{N}=-10\lg\left(\frac{1}{N}\sum \frac{1}{y_i^2}\right) \tag{5-2}$$

$$\frac{S}{N}=-10\lg\left(\frac{1}{N}\sum (y_i-\bar{y})^2\right) \tag{5-3}$$

式中　S/N——信噪比；

N——试验组的数量；

y_i——第 i 次试验的指标响应值；

$\bar{y}$——$\sum y_i$ 的平均值。

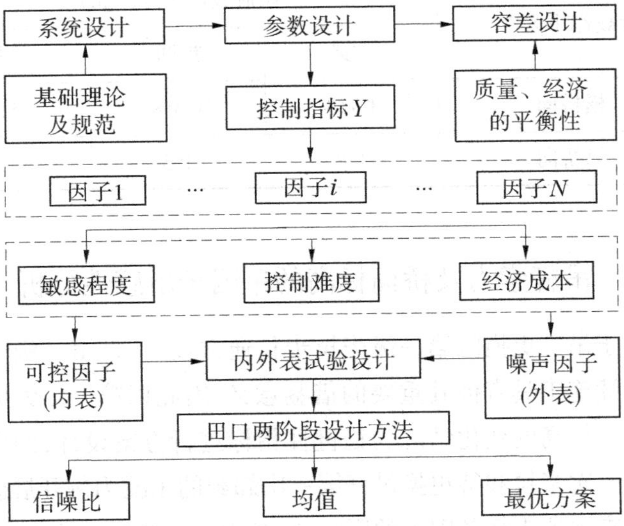

图 5-1　田口方法

在进行有限元模型修正的过程中，已经对部分敏感因子进行了筛选，在本节中不再讨论已经被排除的参数。在开放交通的条件下对拱桥进行吊杆更换施工时，主要考虑如下因素：开放车道数、车道荷载、钢导梁间距、施工车辆及设备堆载位置、风荷载、临时吊杆刚度、温度、张拉力误差、张拉步长和索力计算误差。

根据《公路桥梁抗风设计规范》（JTG/T 3360-01—2018）计算风荷载，计算结果如表5-1所示，纵桥向风载为横桥向的25%。受现场试验条件所限，仅考虑风荷载引起的静力效应，采用风作用水平 W_1 计算。依托工程所处区域的桥梁抗风风险区域属 R_2，基本风速 24.5 m/s $\leqslant U_{10} <$ 32.6 m/s，实测平均风速（24.3 m/s）低于规范最小值，因此取基本风速24.5 m/s计算。

表5-1 风荷载

荷载作用方向	风荷载作用/（N/m）		
	主梁	拱肋	吊杆
横桥向	1 713	1 058	50
纵桥向	428	265	13

5.1.1 吊杆索力及桥面标高的单因子敏感性分析

由于吊杆更换时第一级张拉步长通常较大，且第一级张拉响应对后续施工具有极其重要的借鉴意义，因此以第一级索力替代前后桥面标高的变化情况为稳健性指标进行方案设计，即以临时吊杆第一次张拉和待更换吊杆第一次卸载的工况为例开展研究。

为直观地表征各因子的影响，在各因子取初值的条件下，设第 i 号吊杆在工序 j 时的桥面标高、吊杆索力分别为 X'_{ij}、F'_{ij}；因子改

变后的响应分别为 X_{ij}、F_{ij}。$j=0$ 时为初始状态，在正常运营期对桥梁的初始状态进行监测，所测得的响应为 X'_{i0}、F'_{i0}；当施工设备及人员就位后，测得的初始响应为 X_{i0}、F_{i0}。由于桥梁在正常运营期内可供测试的时间更长、数据更为丰富且可靠等，以 X'_{i0}、F'_{i0} 为初始数据，设临时吊杆首次张拉时(施工工序 1)，第 i 号吊杆与桥面连接处的桥面标高变化值为 $\Delta X_{i1}=X_{i1}-X'_{i0}$。在单因子敏感度分析时，为使得不敏感因子的指标值为 0，在标高变化值的基础上减去不敏感因子的标高变化值 $X'_{i1}-X'_{i0}$，得到桥面相对标高变化值 $\Delta X_{i1}=X_{i1}-X'_{i1}$。同理，可计算出索力相对变化值 $\Delta F_{i1}=F_{i1}-F'_{i1}$；待更换吊杆首次卸载时(施工工序 2)，则为 $\Delta X_{i2}=X_{i2}-X'_{i2}$，$\Delta F_{i2}=F_{i2}-F'_{i2}$。桥面标高与索力的单因子敏感度分析结果分别如表 5-2 和表 5-3 所示，对表中的部分关键因子进行说明：

表 5-2　桥面标高敏感度分析

因子名称	因子初值	变量取值	施工工序 1 临时吊杆首次张拉/mm			施工工序 2 待更换吊杆首次卸载/mm		
			ΔX_{31}	ΔX_{41}	ΔX_{51}	ΔX_{32}	ΔX_{42}	ΔX_{52}
Ⅰ:车道开放数	4	0	13	14	13	13	14	13
		1	8	10	9	9	10	9
		2	5	6	6	5	6	6
		3	2	4	3	2	3	3
Ⅱ:钢导梁刚度	A_0E_0	$0.9A_0E_0$	0	0	0	0	0	0
		$1.1A_0E_0$	0	0	0	0	0	0

续表 5-2

因子名称	因子初值	变量取值	施工工序 1 临时吊杆首次张拉/mm			施工工序 2 待更换吊杆首次卸载/mm		
			ΔX_{31}	ΔX_{41}	ΔX_{51}	ΔX_{32}	ΔX_{42}	ΔX_{52}
Ⅲ:钢导梁间距	$L_0=1$ m	$0.9L_0$	0	0	0	0	0	0
		$1.1L_0$	0	0	0	0	0	0
Ⅳ:临时吊杆刚度	A_1E_1	$0.9A_1E_1$	0	0	0	0	0	0
		$1.1A_1E_1$	0	0	0	0	0	0
Ⅴ:施工车辆及设备堆载位置	4 号吊杆	3 号吊杆	−1	2	2	−1	2	3
		5 号吊杆	2	2	−1	2	2	−1
Ⅵ:温度	$\Delta T=-9$ ℃	$1.1\Delta T$	0	1	0	0	1	1
		$0.9\Delta T$	0	1	0	0	1	1
Ⅶ:风荷载	F_0	$0.9F_0$	0	1	0	0	1	1
		$1.1F_0$	0	1	0	0	1	1
Ⅷ:车道荷载	G_0	$0.8G_0$	3	3	3	3	3	3
		$1.2G_0$	−3	−3	−3	−3	−3	−3
Ⅸ:张拉力误差	0	−10%	0	0	0	0	0	0
		+10%	0	1	1	1	2	2
Ⅹ:第一次张拉步长	20%	30%	0	1	1	0	1	1
		40%	1	2	2	1	2	1
		50%	1	2	2	1	2	2

表 5-3　吊杆索力敏感度分析

因子名称	因子初值	变量取值	施工工序 1 临时吊杆首次张拉/kN			施工工序 2 待更换吊杆首次卸载/kN		
			ΔF_{31}	ΔF_{41}	ΔF_{51}	ΔF_{32}	ΔF_{42}	ΔF_{52}
Ⅰ:车道开放数	4	0	−176	−188	−168	−185	−149	−177
		1	−130	−141	−126	−137	−112	−133
		2	−82	−89	−80	−86	−71	−85
		3	−44	−48	−43	−46	−38	−46
Ⅱ:钢导梁刚度	A_0E_0	$0.9A_0E_0$	0	0	0	0	0	0
		$1.1A_0E_0$	0	0	0	0	0	0
Ⅲ:钢导梁间距	$L_0=1$ m	$0.9L_0$	0	0	0	0	0	0
		$1.1L_0$	0	0	0	0	0	0
Ⅳ:临时吊杆刚度	A_1E_1	$0.9A_1E_1$	0	0	0	0	0	0
		$1.1A_1E_1$	0	0	0	0	0	0
Ⅴ:施工车辆及设备堆载位置	4 号吊杆	3 号吊杆	10	−43	−46	0	−5	−56
		5 号吊杆	−26	−15	36	−29	3	32
Ⅵ:温度	$\Delta T=-9$ ℃	$1.1\Delta T$	−2	−2	−2	−5	−5	−5
		$0.9\Delta T$	3	4	3	10	−5	−10
Ⅶ:风荷载	F_0	$0.9F_0$	0	−1	0	0	0	0
		$1.1F_0$	−1	1	1	0	0	0

续表 5-3

因子名称	因子初值	变量取值	施工工序 1 临时吊杆首次张拉/kN			施工工序 2 待更换吊杆首次卸载/kN		
			ΔF_{31}	ΔF_{41}	ΔF_{51}	ΔF_{32}	ΔF_{42}	ΔF_{52}
Ⅷ:车道荷载	G_0	$0.8G_0$	−34	−74	0	−34	−15	−33
		$1.2G_0$	34	74	0	44	11	33
Ⅸ:张拉力误差	0	−10%	10	12	9	16	−5	13
		+10%	−8	−9	−6	−8	−7	−7
Ⅹ:第一次张拉步长	20%	30%	−35	−42	−30	−33	−40	−30
		40%	−71	−88	−62	−74	−70	−65
		50%	−107	−132	−93	−112	−105	−98
Ⅺ:索力计算误差	0	−10%	10	12	9	16	−5	13
		+10%	−8	−9	−6	−8	−7	−7

(1)为得到因子Ⅰ在施工过程中的响应,基于移动荷载追踪器分别计算出 3、4、5 号吊杆与桥面连接处在标高变化最大时的移动荷载作用位置,并将移动荷载工况转化为静力荷载工况,从而分析得到施工过程中移动荷载对桥梁的影响。

(2)因子Ⅸ是指由于首次张拉工作人员经验不足引起的失误、设备老化、张拉倾斜、恶劣环境对仪器精度的影响和嘈杂交通环境下监控指令难以及时传达(发出监控指令的时机与理想时刻存在一定偏差)等综合因素引起的在临时吊杆第一次张拉时产生的误差。

(3)待更换吊杆的索力卸载量随着临时吊杆张拉步长Ⅹ的变化而变化，每次改变临时吊杆的张拉步长后，需要重新计算索力值并更新有限元模型。

(4)因子Ⅺ为索力计算误差，主要指通过频率法计算实际索力值时，由于对吊杆的计算长度计算不准确、对减震装置的边界条件考虑不充分而产生的索力计算误差。在测量标高时不存在该项误差。

从表 5-2 中可初步得到以下结论：

(1)对桥面标高变化值的影响超过 2 mm 的因子仅Ⅰ、Ⅷ两种，各因子对桥面标高的影响不够显著。

(2)因子Ⅴ施工车辆分别堆载在 3 号吊杆或 5 号吊杆与桥面连接处时，待更换吊杆位置的桥面标高在前两个施工阶段均能提高 2 mm，施工车辆应尽量堆载在相邻吊杆位置。

从表 5-3 中可得到以下结论：

(1)相较于桥面标高，各因子对索力值的影响更为显著。

(2)温度对 3、4、5 号吊杆索力的影响较小，但结合既有经验可知，还需要补充验算优化方案中短吊杆索力的温度效应。

5.1.2　可控因子及噪声因子的确定

根据单因子敏感度分析结果筛选可控因子及噪声因子，如表 5-4 所示。

表 5-4　可控因子及噪声因子的水平值

因子类型	因子	水平 1	水平 2	水平 3
可控因子	A. 开放车道数量	1	2	3
可控因子	B. 施工车辆堆载位置	3 号吊杆	4 号吊杆	5 号吊杆

续表 5-4

因子类型	因子	水平 1	水平 2	水平 3
可控因子	C. 第一次张拉步长	20%	25%	30%
噪声因子	D. 车道荷载	$0.8G_0$	$1.2G_0$	—
噪声因子	E. 索力计算误差	-10%	+10%	—
噪声因子	F. 张拉力误差	-20%	+20%	—

可控因子:开放车道数量、施工车辆堆载位置、第一次张拉步长。由于该拱桥的交通量较大、高峰时刻较长,因此假设每条开放车道上均满载,即开放车道数为 4 时,4 条车道上均布满车辆,将开放车道数量作为可控因子。为预留足够的施工场地,除临时停车道外至少再占用一个行车道,最大车道数为 3,而在开放交通的前提下,最小开放车道数为 1,因此该因子取值范围为 1、2、3;为便于施工,施工车辆堆载位置选择在 3、4、5 号吊杆与桥面连接处;第一次张拉步长不能超过索力变化允许值,故选择 20%、25%、30% 3 个水平。

噪声因子:车道荷载、索力计算误差及张拉力误差。由于交通管制,单条道路的交通量与拱桥正常运营状态相比存在较大差异,且该拱桥允许通行车辆的种类繁多,随着经济社会的高速发展和桥梁运营年限的增长,车辆实际轴重、通行数量已远远超出设计预期。因此,仅仅基于规范规定的车道荷载标准值,难以涵盖交通管制条件下施工全过程中移动荷载引起的各种响应。鉴于此,将车道荷载在规范值的基础上增减 20%,并将该因子作为噪声因子。由于张拉力误差同时包含工作人员的主观误差和仪器设备的客观误差，在初值(0)的基础上变化 20%；索力计算误差虽然在有限元模型中不需要考虑，但为了保证实测索力值的稳定性，将模型索力值变化 10%，并将其作为噪声因子。

5.2　拱桥吊杆更换稳健性施工方案的设计

在吊杆更换施工过程中，合理控制吊杆索力是保证施工质量的最直接、有效的方法，然而，测量索力时多采用频率法等间接方法，这使得索力计算受到吊杆的计算长度、减震装置和交通环境等的影响较大。因此，在开放交通条件下进行吊杆更换施工时，索力测量的精度难以保证，这增大了施工及监控难度。桥面标高的测量方法虽然成熟且精度较高，但由单因子分析结果可知，桥面标高受到各因子的影响相对较小，不能显著地反映结构体系转换对桥梁造成的影响。因此，将 4 号吊杆的索力作为稳健性指标进行方案设计。

根据是否完成阶段性索力替代的目标，将索力指标分为两类：一是临时吊杆张拉后、待更换吊杆卸载前的索力相对变化量 ΔF_{41}(该指标越小，则越能够避免索力未等效替换时桥梁的受力或变形过大)；二是各级索力替代后的索力相对变化量 ΔF_{42}(该指标越小，则越能够大幅度地降低结构体系转换对桥梁的影响)。考虑到完成阶段性索力替代后的拱桥处于相对安全的状态(待更换吊杆卸载后的临时阶段)，选择 4 号待更换吊杆的索力相对变化量 ΔF_{41} 为稳健性设计指标并开展试验设计，如表 5-5 所示，表中 Y_1 ~ Y_4 为噪声因子 D、E、F 的 4 种正交试验组合。

表 5-5　待更换吊杆索力相对变化量的稳健性试验设计

组序	A. 开放车道数	B. 施工车辆堆载位置	C. 第一次张拉步长	ΔF_{41} /kN			
				Y_1	Y_2	Y_3	Y_4
				D_1 E_1 F_1	D_1 E_2 F_2	D_2 E_1 F_2	D_2 E_2 F_1
1	A_1(1)	B_1(3 号吊杆)	C_1(20%)	-301	-89	-316	-29
2	A_1(1)	B_2(4 号吊杆)	C_3(30%)	-294	-101	-326	-21
3	A_1(1)	B_3(5 号吊杆)	C_2(20%)	-275	-58	-291	1
4	A_2(2)	B_1(3 号吊杆)	C_3(30%)	-296	-102	-309	0
5	A_2(2)	B_2(4 号吊杆)	C_2(25%)	-241	-26	-247	66
6	A_2(2)	B_3(5 号吊杆)	C_1(20%)	-239	-13	-235	70
7	A_3(3)	B_1(3 号吊杆)	C_2(25%)	-250	-37	-240	74
8	A_3(3)	B_2(4 号吊杆)	C_1(20%)	-195	40	-177	140
9	A_3(3)	B_3(5 号吊杆)	C_3(30%)	-241	-36	-239	85

显然,索力值 ΔF_{41} 的变化越小,第一次张拉临时吊杆后桥梁的响应越接近于施工前桥梁的初始状态,结构体系转化带来的影响也就越小,因此该指标为望小特性。

基于田口两阶段分析设计方法选定最稳健方案。信噪比及均值的排秩如表 5-6 所示,主效应如图 5-2 和图 5-3 所示。由分析可知,因子 A 对望小特性信噪比的影响最大,因子 C 次之,因子 A、C 为散度因子;因子 A 对均值的影响最大,因子 B 次之,因子 A、B 为位置因子。因此,因子 A 既是散度因子,又是位置因子;因子 B 是位置因子而非散度因子,故选定因子 B 为调节因子,最优方案组合为 $A_3B_3C_1$。

该拱桥在短期开放 3 条车道的条件下能够满足路段的基本通行需求;方案中施工车辆堆载位置和第一次张拉步长的设置在实

际工程中均具备执行条件。该方案在工程实际中可以顺利实施。

表 5-6　可控因子的信噪比及均值的排秩

可控因子	ΔF_{41} 的信噪比/dB					ΔF_{41} 的均值/kN				
	水平 1	水平 2	水平 3	极差	排秩	水平 1	水平 2	水平 3	极差	排秩
A. 开放车道数	−46.7	−45.4	−44.5	2.23	1	175.2	153.7	146.2	29.0	1
B. 施工车辆堆载位置	−46.2	−45.1	−45.2	1.10	3	170.3	156.2	148.6	21.7	2
C. 第一次张拉步长	−45.0	−46.2	−45.4	1.20	2	153.7	170.8	150.5	20.3	3

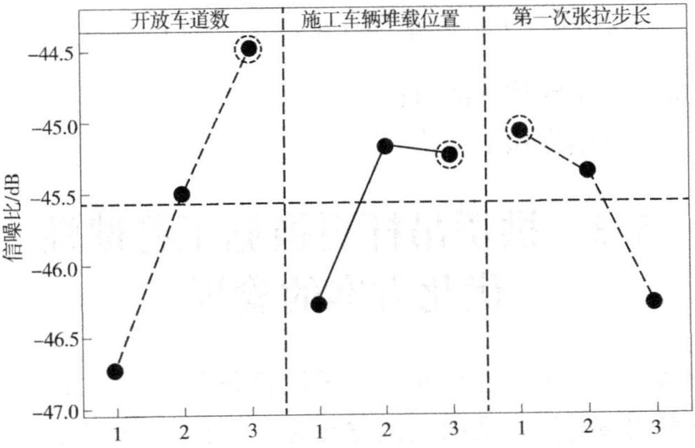

图 5-2　ΔF_{41} 的信噪比主效应

基于 Minitab 对改进方案的信噪比和均值进行预测，计算公式如式(5-4)所示。预测信噪比为−43.7 dB，较信噪比均值提高了

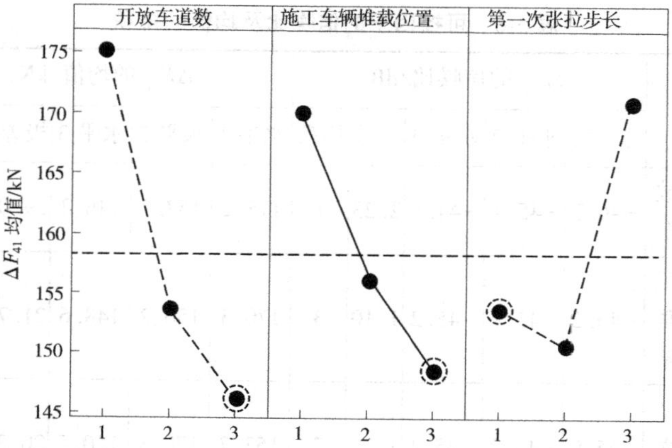

图 5-3　ΔF_{41} 的均值主效应

1.8 dB；预测均值为 131.8 kN，较平均值降低了 26.2 kN。

$$\hat{\eta}=\bar{\eta}+(\overline{A_3}-\bar{\eta})+(\overline{B_3}-\bar{\eta})+(\overline{C_1}-\bar{\eta}) \tag{5-4}$$

式中　$\hat{\eta}$——信噪比预测值；

$\bar{\eta}$——信噪比平均值。

5.3　拱桥吊杆更换施工稳健性优化方案的验证

计算优化方案在各种噪声因子组合条件下的索力值，以验证优化方案的稳健性。采用优化方案时，在无噪声因子干扰的条件下，设临时吊杆首次张拉前、后 4 号吊杆的索力分别为 f_{40}、f_{41}，各因子取初值时则为 f'_{40}、f'_{41}。当以施工准备工作完成后拱桥的临时状态为稳健性设计的初始状态时，设索力相对变化值为 ΔF，如式(5-5)所示；当以拱桥正常运营阶段的状态为初始状态时，设索

力相对变化值为 $\Delta F'$，如式(5-6)所示，为更加直观地表现出各噪声因子组合对索力的影响，减去无噪声因子干扰时初始方案与优化方案索力的差值 Δf，如式(5-7)和式(5-8)所示。计算结果见图 5-4。

$$\Delta F = F_{41} - F_{40} - f_{41} + f_{40} \tag{5-5}$$

$$\Delta F' = F_{41} - F'_{41} \tag{5-6}$$

$$\Delta f = f_{41} - f_{40} - f_{41}' + f_{40}' \tag{5-7}$$

$$\Delta F'' = \Delta F' - \Delta f \tag{5-8}$$

式中　F_{40}——施工前索力；

F_{41}——1 阶段索力；

F'_{41}——1 阶段拱桥正常运营阶段时的索力；

$\Delta F''$——各种噪声因子影响下的索力相对变化值。

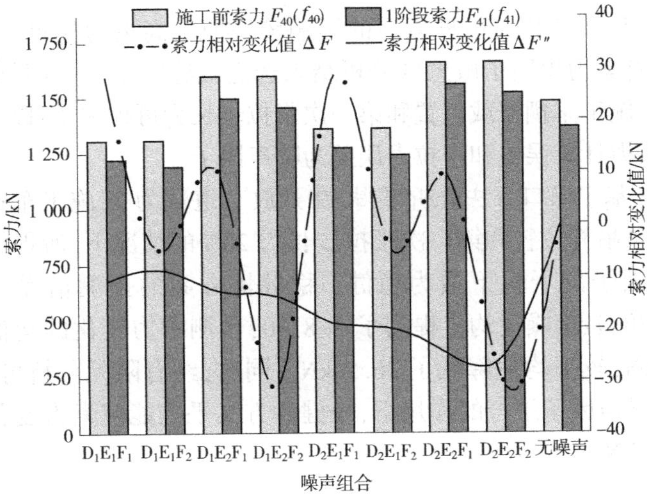

图 5-4　各种噪声因子组合下的索力值

由图 5-4 可知，在各种噪声因子组合的作用下，优化方案的索

力相对变化量 ΔF 不超过 31 kN，平均值（各项取绝对值）为 18.125 kN。$\Delta F'' < 0$，说明以拱桥正常运营阶段为初始状态时，优化方案在各种噪声因子组合的作用下受到的影响较小，平均能使索力变化值减少 17 kN。

5.4 小 结

本章首先针对复杂交通环境下各种因子对系杆拱桥吊杆更换施工的影响进行了讨论；其次基于有限元模型和计算公式对各种因子进行了敏感性分析，进而筛选出了敏感因子；再次将敏感因子划分为了可控因子和噪声因子，并采用田口方法设计出了吊杆更换施工的稳健性方案；最后对方案进行了验证。主要得到如下结论：

（1）因子变化对吊杆索力的影响较桥面标高更为显著，因此基于吊杆索力单因子敏感度分析结果选定敏感因子，并以开放车道数量、施工车辆堆载位置和第一次张拉步长为可控因子；以车道荷载、索力计算误差和张拉力误差为噪声因子。

（2）基于田口方法分析可得，在开放车道数为 3、施工车辆堆载在 5 号吊杆位置和第一次张拉步长为 20%的情况下，所得方案在噪声因子的干扰下最为稳健。稳健性方案的预测信噪比为 −43.7 dB，较信噪比均值提高了 1.8 dB；预测索力变化的均值为 131.8 kN，较平均值降低了 26.2 kN。同时，经有限元分析可知，在各种噪声因子组合的作用下，稳健性方案平均能使索力变化量减少 17 kN。

第 6 章　拱桥吊杆更换工程实例

对于下承式钢管混凝土系杆拱桥，在吊杆更换施工过程中，结构要经过多次体系转换，导致拱桥的力学响应和桥面标高不断变化。受各种环境因素的影响，桥梁在施工过程中的状态很难与设计状态一致。而施工控制就是在吊杆更换施工过程中根据监控结果及时发现施工误差，对误差进行分析并指导下一阶段施工，以此来保证桥梁响应沿着预期的方向发展，进而保证了整个吊杆更换施工过程中各控制截面的内力、变形符合监控要求。总之，吊杆更换施工控制的目的就是保证施工过程中各控制指标满足规范和设计要求，从而保证施工过程中桥梁结构的安全性。

本章以某实际工程 4 号吊杆的更换施工为例，详细介绍了吊杆更换的施工控制流程，并对在第 4 章制订的优化设计方案进行了工程验证。主要分析步骤如下：首先，根据索力递推公式和荷载传递效率计算公式，计算待更换吊杆在索力置换过程中的索力值；然后，根据公式计算的索力值和优化设计方案更新有限元模型，从而分析得到了索力置换过程中的桥梁响应；最后，拟订施工控制方案以保证施工的安全性，继而进行吊杆更换施工以验证优化方案的可靠性。

6.1　工程概况

本书依托工程的主桥结构为下承式钢管混凝土拱桥，计算跨径、计算矢高分别为 95.5 m、21.222 m，拱轴线为拱轴系数为 1.347 的悬链线。每单幅采用 8 跨无推力系杆拱桥，单幅桥面净宽 21 m。拱肋为两根直径 1 000 mm、厚 16 mm 的钢管和腹板组成的哑铃形断面。同跨的两拱肋之间共通过 3 道横撑连接，中间一道为一字撑，旁边两道为 K 撑，横撑由直径 1 500 mm、厚 16 mm 的钢管制作组成。端横梁和系杆梁采用预应力混凝土箱形梁；中横梁采用预应力混凝土变截面 T 形梁，间距 7.1 m；系杆梁通过吊杆悬吊在钢管混凝土拱肋上。吊杆由 91 根直径为 7 mm 的镀锌高强钢丝加工而成，标准强度为 1 670 MPa，抗弯刚度 $EI = 1.855 \times 10^{11}\ \mathrm{N/mm^2}$，截面面积 $A = 3\ 502.1\ \mathrm{mm^2}$，线密度 $m = 27.5\ \mathrm{kg/m}$，双层 PE 保护，吊点中心距 7.1 m。桥面板采用预制钢筋混凝土道板，上铺 80 mm 厚钢筋混凝土现浇层。

经检测发现，该拱桥各吊杆存在不同程度的腐蚀，如图 6-1 所示，为保证桥梁结构的安全性和使用性能，并且为尽量减小施工对交通造成的干扰，在开放交通条件下对部分吊杆进行更换。

(a)上锚窝漆皮锈蚀脱落

图 6-1　吊杆病害

(b)上锚头黄油老化变干

(c)上锚头积水

续图 6-1

(d)下锚头积水

续图 6-1

拱桥立面如图 6-2 所示,以 4 号吊杆的更换施工为例进行工程验证,采用优化方案时的施工工况如表 6-1 所示,吊杆的各级张拉步长依次为 20%、20%、20%、20%、10%、5%、5%;各级卸载步长与张拉步长相同。根据优化方案(开放车道数为 3,施工车辆堆载在 5 号吊杆位置,第一次张拉步长为 20%)所确定的车道开放情况和施工车辆堆载位置如图 6-3 所示。在优化方案的基础上,根据递推公式计算索力值,并以体外力的形式输入有限元模型中,从而分析得到包含整个吊杆更换施工过程的桥梁响应。

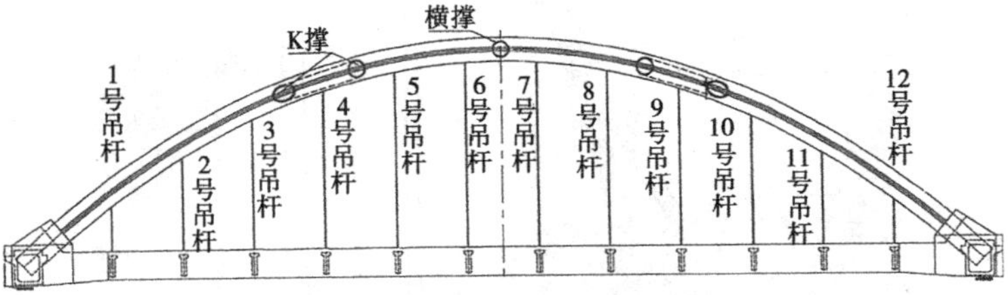

图 6-2 拱桥立面图

表 6-1 施工工况

工序	施工工况	工序	施工工况
1	临时吊杆第 1 次张拉 （临时吊杆安装）	15	新吊杆第 1 次张拉 （新吊杆安装）
2	待更换吊杆第 1 次卸载	16	临时吊杆第 1 次卸载
3	临时吊杆第 2 次张拉	17	新吊杆第 2 次张拉
4	待更换吊杆第 2 次卸载	18	临时吊杆第 2 次卸载
5	临时吊杆第 3 次张拉	19	新吊杆第 3 次张拉
6	待更换吊杆第 3 次卸载	20	临时吊杆第 3 次卸载
7	临时吊杆第 4 次张拉	21	新吊杆第 4 次张拉
8	待更换吊杆第 4 次卸载	22	临时吊杆第 4 次卸载
9	临时吊杆第 5 次张拉	23	新吊杆第 5 次张拉
10	待更换吊杆第 5 次卸载	24	临时吊杆第 5 次卸载
11	临时吊杆第 6 次张拉	25	新吊杆第 6 次张拉
12	待更换吊杆第 6 次卸载	26	临时吊杆第 6 次卸载
13	临时吊杆第 7 次张拉	27	新吊杆第 7 次张拉
14	待更换吊杆第 7 次卸载 （待更换吊杆拆除）	28	临时吊杆第 7 次卸载 （临时吊杆拆除）

图 6-3　车道开放情况和施工车辆堆载位置

6.2　施工监控阶段划分

吊杆更换的工艺流程如图 6-4 所示。吊杆更换施工涉及桥梁结构体系的转换,因此在监控前首先需要确定各阶段的相对零点状态。

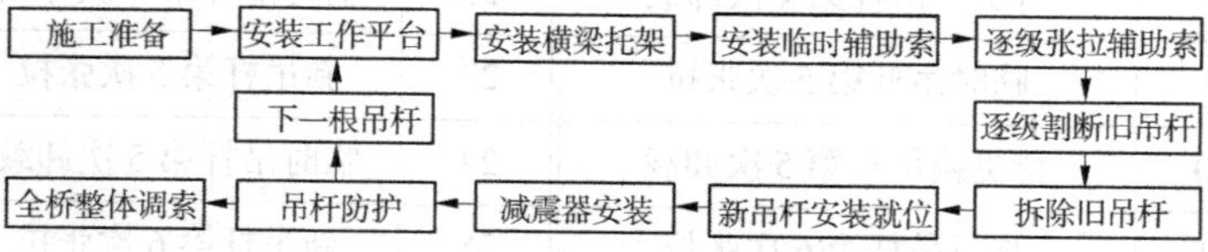

图 6-4　吊杆更换的工艺流程

6.2.1　初始状态测试

在换索施工开始之前,测试桥面线形测点高程、拱肋控制点坐标测试以及全桥恒载索力测试,以此作为吊杆更换施工的初始状态。

6.2.2　吊杆割断前结构状态

在所有的施工临时设施安装完成后进行测试，确认施工荷载增加后，吊杆锚头拆除前(结构受力体系改变前)的结构状态，后续吊杆割断及新吊杆张拉时各监测项目的变化值均以此为相对零点。

需要说明的是：此桥已建成运营多年，目前无法确定结构应力及变形的绝对数值；因此，在吊杆锚头拆除前，需对结构应力及结构变形进行观测，以确定各监测项目的基准数据，作为结构应力和结构变形监测的相对零点，后续施工中各工况下的实测结果均为应力及变形相对于初始状态的变化量，各阶段对应的设计值及预警值也为相对于初始状态的变化量，而非结构应力或高程的绝对值。在整个吊杆更换施工过程中，可测试出吊杆索力的绝对值，因此各阶段对应的预警值均为相对于原索力的变化率。

6.2.3　吊杆拆除阶段

吊杆拆除阶段，结构受力发生变化，需要在整个吊杆拆除阶段对各测点应力变化、变形值和吊杆索力进行监测，确保整个过程结构线形和内力符合设计及规范要求。吊杆拆除过程中，根据吊杆拆除阶段的实际施工步骤，进行多次测试与记录。

重点监测项目及监测方法如下：

(1)主梁跨中及梁上吊杆锚固点位置的变形值，采用精密水准仪进行跟踪监测，固定测试设备及人员，主梁变形监测频率为每 5 min 一次。

(2)拱肋跨中及拱上吊杆锚固点变形值，采用全站仪进行跟踪监测，固定测试设备及人员，拱肋变形监测频率为每 5 min 一次。

(3)横撑及斜撑测点的应力变化值(含温度场)可连续自动

采样。

(4)吊杆及其附近吊杆索力和临时吊杆索力,采用索力测试仪进行连续监测,每个施工步骤测试一次(每次采样需 5 min)。

(5)拱肋应力(变)变化值(含结构温度场),可连续自动采样。

6.2.4 待更换吊杆拆除后、新吊杆张拉前

吊杆拆除完成后,桥上正常运营。在此阶段,每天对全桥的桥面线形测点高程、拱肋控制点坐标、全桥恒载索力及结构应力进行一次全面测试。在此期间,如果结构受力体系或者临时荷载发生变化,则针对具体工况进行加密测试。

6.2.5 新吊杆安装阶段

新吊杆安装完成后,逐级张拉新吊杆并释放临时吊杆的索力,直至完全卸载临时吊杆的索力。调整新吊杆索力,目标张拉索力为换索施工开始前的基准索力,确保桥梁状态与吊杆更换前的状态保持一致。

在新吊杆安装期间,重点实时监测吊杆附近关键位置测点的变形值、吊杆附近吊杆索力和临时吊杆索力,直到各监测项目测量值趋于稳定,不再发生明显变化。

6.2.6 吊杆更换施工完成后

在所有临时施工设施拆除完成、桥梁恢复正常状态后,对全桥的桥面线形测点高程、拱肋控制点坐标测试和全桥恒载索力测试及结构应力进行一次全面测试,并与吊杆更换前进行比较,以保持更换前、后结构的受力状况基本不变。吊杆更换完成后重新测量吊杆索力和桥面标高,并与更换前的数值进行比较,吊杆索力的误差不应超过10%,高程误差不应超过 10 mm,应力(变)误差不应

超过计算强度的10%。

6.3 监控方法及测试结果

吊杆更换施工控制的主要监控对象有：①拱肋和系杆梁的线形；②环境温度；③交通流；④拱肋、系杆梁、一字横撑及K形斜撑的应力；⑤待更换吊杆及相邻吊杆的索力；⑥桥面基频。

吊杆更换施工控制的目标：保证拱桥吊杆更换施工过程中的控制指标始终满足规范要求，以确保施工过程中的结构安全性和工程质量。施工控制涵盖了吊杆更换施工的全过程，涉及施工前的交通管制措施、桥梁响应的计算、临时吊杆和新旧吊杆的安装及拆卸、关键指标的监测及纠偏和施工后桥梁状态的分析等所有环节。在制订施工组织方案和监控方案前，应充分考虑拱桥的结构特点和吊杆更换施工的工程特点，尽量保证施工前、后拱桥的力学响应和桥面标高与初始状态相一致。

6.3.1 吊杆索力控制及监控

将待更换吊杆的相邻吊杆作为辅助监测吊杆，以计算吊杆更换施工对相邻吊杆的影响，避免发生严重的超张拉现象。索力测量与主梁变形监测同步进行，测试环境相同。

吊杆索力采用基于振动法的索力动测仪进行测试。将传感器固定于吊杆1/2处，通过传感器电缆连接索力动测仪。索力动测仪采集拱桥吊杆自振频率时数据稳定性有一定的波动，需要使用人工激励进行测量。测试装置布置如图6-5所示，测试结果如图6-6所示，“工序0”表示施工准备工作完成后、正式施工开始前的临时阶段。

实测结果表明，在吊杆更换施工过程中，由于索力实测值受到车道荷载、张拉力误差及索力计算误差等噪声因子的影响，部分测

(a)索力读数仪　　(b)索力计

图 6-5　索力测量装置

试数据发生了突变,如工序 23 的索力值大于工序 24,工序 26 的索力值小于工序 25。但是,索力实测值的总体变化趋势与计算值一致,且最大误差不超过 7%;索力最大变化量为 289 kN,不超过 3.3.3 节中分析的索力变化允许值 297 kN。因此,索力测量结果满足监控要求。

由于移动荷载对吊杆索力测试的影响较大,在施工人员及器械进场前和撤离完毕后的两个临时阶段,捕捉没有车辆通行的短暂时刻,并测试吊杆更换前、后的索力值,与设计值进行比较,以分析 4 号吊杆更换施工对同侧其余吊杆索力造成的更为精确的影响,结果如表 6-2 所示。经分析可知,施工前实测索力值与模拟索力值的差值不超过 119 kN,施工后差值不超过 96 kN,误差均未超过 10%的控制要求。同时,在完成 4 号待更换吊杆的更换施工后,其余吊杆的实测索力值与设计索力值的差值不超过 8%,吊杆更换施工对全桥索力的影响得到了有效控制。

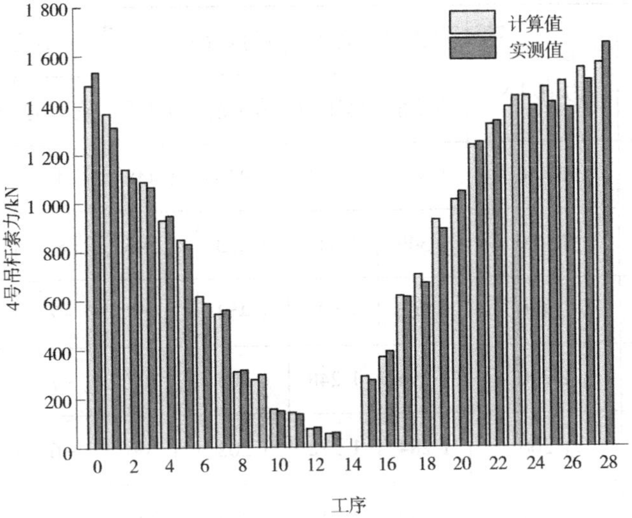

图 6-6　索力转置过程中 4 号吊杆的索力值

表 6-2　施工前、后的索力值

吊杆编号	设计索力值/kN	实测索力值/kN		模拟索力值/kN		误差/%	
		施工前	施工后	施工前	施工后	施工前	施工后
1 号	1 050	966	986	1 051	1 049	9	6
2 号	1 200	1 152	1 140	1 202	1 189	4	4
3 号	1 200	1 116	1 116	1 202	1 182	8	6
4 号	1 200	1 272	1 296	1 203	1 263	−5	−3
5 号	1 450	1 334	1 378	1 453	1 439	9	4

续表 6-2

吊杆编号	设计索力值/kN	实测索力值/kN		模拟索力值/kN		误差/%	
		施工前	施工后	施工前	施工后	施工前	施工后
6号	1 450	1 392	1 371	1 453	1 448	4	6
7号	1 450	1 349	1 349	1 453	1 445	8	7
8号	1 450	1 566	1 508	1 453	1 457	−7	−3
9号	1 200	1 296	1 248	1 203	1 207	−7	−3
10号	1 200	1 284	1 272	1 202	1 206	−6	−5
11号	1 200	1 260	1 248	1 202	1 204	−5	−4
12号	1 050	1 113	1 134	1 051	1 056	−6	−7

6.3.2 主梁变形控制及监控

根据有限元分析可知,吊杆更换施工对桥面标高的影响不超过 2 mm,所以文中未列出桥面标高的计算值。但是,在开放交通条件下进行吊杆更换施工,移动车辆、温度和风力等噪声因子将不可避免地影响桥面标高的测量结果。因此,在吊杆更换施工过程中,应实时对桥梁各测点进行监测,保证桥梁线形符合要求,防止索力置换过程中桥面板因变形过大而破裂。变形测量采用全站仪,监测仪器如图 6-7 所示;每隔 10 m 布置一个主梁变形监测点,如图 6-8 所示。待更换吊杆卸载阶段和新吊杆加载阶段主梁变形监测结果如表 6-3、表 6-4 所示。

(a)全站仪

(b)电子温湿度计

图 6-7　桥面标高监测仪器

(c)风速仪

续图 6-7

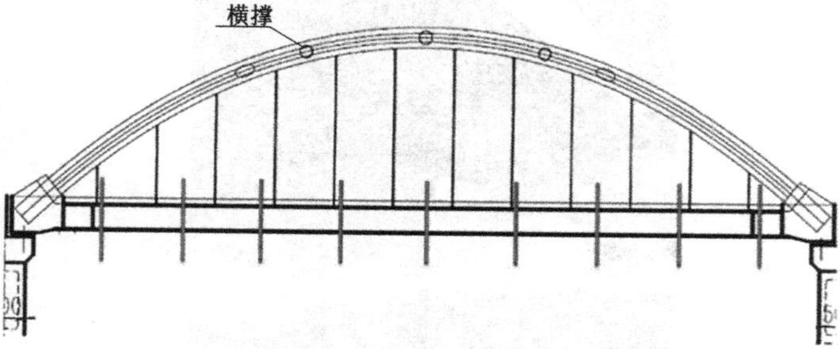

图 6-8　变形监测截面

表 6-3　待更换吊杆卸载阶段主梁变形监测结果

吊杆编号	待更换吊杆卸载阶段各测点标高/m							变化量/mm	允许变化量/mm
	初始状态	0	20%	40%	60%	80%	100%		
基准点	0.643	0.643	0.643	0.643	0.643	0.643	0.643	0	±10
1 号	-0.255	-0.254	-0.253	-0.253	-0.258	-0.257	-0.256	-1	±10
2 号	-0.243	-0.242	-0.244	-0.242	-0.248	-0.247	-0.246	-3	±10
3 号	-0.237	-0.238	-0.239	-0.242	-0.241	-0.240	-0.241	-4	±10
4 号	-0.262	-0.261	-0.264	-0.263	-0.265	-0.267	-0.268	-6	±10
5 号	-0.277	-0.278	-0.280	-0.277	-0.279	-0.281	-0.282	-5	±10
6 号	-0.278	-0.277	-0.278	-0.279	-0.281	-0.280	-0.281	-3	±10

表 6-4　新吊杆加载阶段主梁变形监测结果

吊杆编号	新吊杆加载阶段各测点标高/m						变化量/mm	允许变化量/mm
	0	20%	40%	60%	80%	100%		
基准点	0.643	0.643	0.643	0.643	0.643	0.643	0	±10
1 号	-0.256	-0.254	-0.254	-0.254	-0.252	-0.252	4	±10
2 号	-0.246	-0.242	-0.240	-0.240	-0.240	-0.240	6	±10
3 号	-0.241	-0.238	-0.237	-0.236	-0.235	-0.234	7	±10
4 号	-0.268	-0.262	-0.262	-0.261	-0.260	-0.259	8	±10
5 号	-0.282	-0.279	-0.278	-0.276	-0.276	-0.275	7	±10
6 号	-0.281	-0.281	-0.281	-0.279	-0.278	-0.278	3	±10

由表 6-3、表 6-4 分析可知，待更换吊杆卸载阶段时桥面永久测点的标高变化量最大为 6 mm；新吊杆加载阶段时桥面永久测点的标高变化量不超过 8 mm；吊杆更换施工前、后各测点标高变化量不超过 3 mm。各阶段测值均不超过分析计算的允许值 10 mm，

桥面标高满足监控要求。

6.3.3 桥梁应力控制及监控

(1)主拱肋应力监测:采用振弦式应变计(表面式)对主拱肋应力进行监控。在每跨拱肋拱脚截面、拱顶截面、1/4 截面和 3/4 截面布置应力测点,应力测点的布置如图 6-9 和图 6-10 所示。

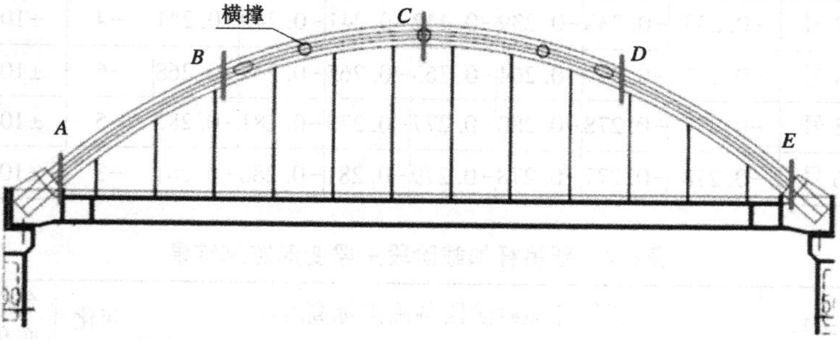

图 6-9 应力监测截面

(2)横撑及斜撑应力监测:横撑为钢管混凝土结构,在吊杆更换过程中,需要保证兜吊系统中千斤顶顶升的同步性。为此,在横撑及斜撑的跨中下缘布置振弦式应变计(表面式),对其应力变化进行监测,并控制其变化值在设计允许的范围之内。

实测结果表明,在保证施工质量的前提下,横撑及斜撑的应力变化量不超过 3%,该项指标受到的影响较小。因此,本节主要列出并分析主拱肋的应力监测结果。

拱肋的应力分为混凝土应力和钢管应力两部分。施工准备阶段(工序 0)拱肋的应力如图 6-11 所示。由于表面应变计无法测得钢管初始应力,初始应力仅能通过模型计算得到,计算点 *A*、*B*、*C*、*D*、*E* 的初始压应力分别为 89.8 MPa、37.0 MPa、77.3 MPa、60.6 MPa、93.5 MPa,各结构的初始应力均未超过材料的容许应力。索力置换过程中拱肋应力的计算值和实测值如表 6-5 所示,

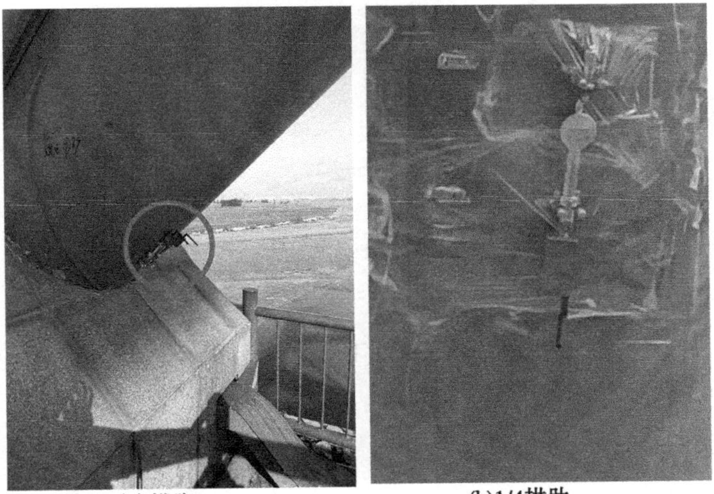

(a) 拱脚　　(b)1/4拱肋

图 6-10　主拱肋应力监测(部分)

工序 1~28 的应力值为各施工阶段相对于工序 0 时的应力变化值。

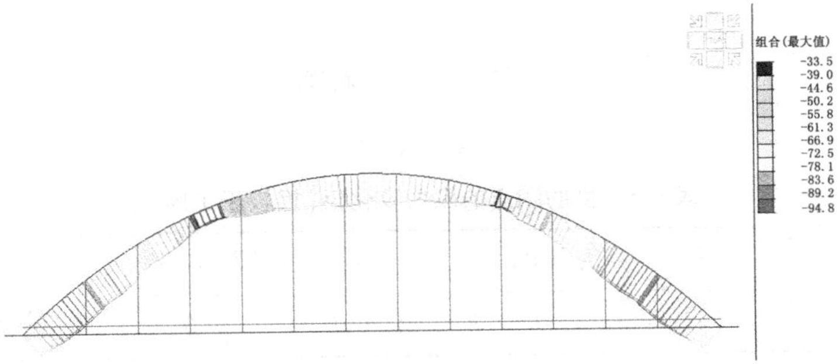

(a) 钢管应力

图 6-11　施工准备阶段拱肋应力(包含施工机械堆载和移动荷载)　(单位:MPa)

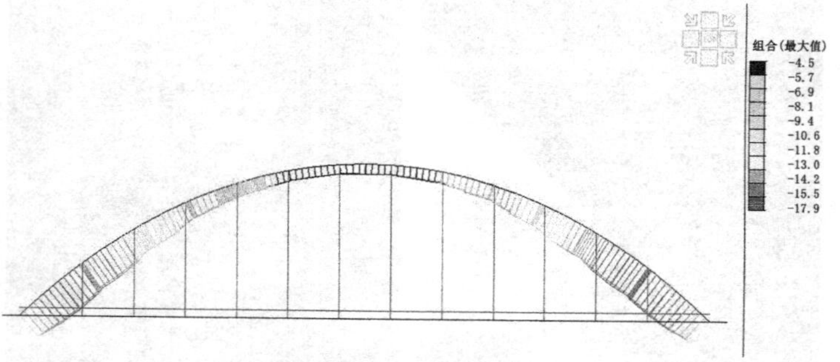

(b)混凝土应力(下侧管)

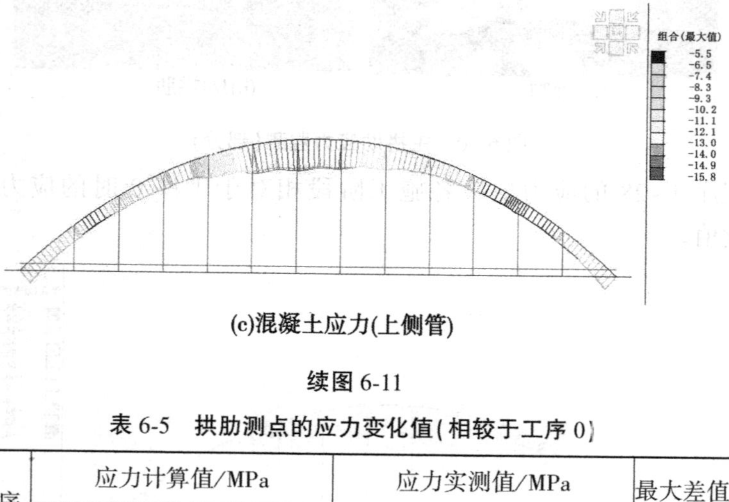

(c)混凝土应力(上侧管)

续图 6-11

表 6-5 拱肋测点的应力变化值(相较于工序 0)

工序	应力计算值/MPa					应力实测值/MPa					最大差值/MPa
	A	*B*	*C*	*D*	*E*	*A*	*B*	*C*	*D*	*E*	
0	89.8	37.0	77.3	60.6	93.5	0	0	0	0	0	—
1	1.8	2.7	-1.4	0.9	1.4	2.8	3.6	-1.4	0.6	1.3	1.0
2	0.6	0.6	-0.5	0.4	0.3	0.3	1.3	0.1	-0.1	-0.2	0.7

续表 6-5

工序	应力计算值/MPa					应力实测值/MPa					最大差值/MPa
	A	*B*	*C*	*D*	*E*	*A*	*B*	*C*	*D*	*E*	
3	1.6	2.1	-1.2	0.8	1.5	3.4	3.7	-2.2	1.5	1.9	1.8
4	0.6	0.6	-0.5	0.4	0.6	0.6	1.4	-0.9	0.8	1.0	0.8
5	2.0	3.1	-1.5	0.9	1.4	3.2	3.5	-1.9	0.9	1.1	1.2
6	0.8	0.9	-0.6	0.5	1.1	1.2	1.5	-1.6	0.9	1.7	-1.0
7	2.0	3.1	-1.5	0.9	1.5	3.1	3.4	-1.7	0.8	1.4	1.1
8	0.8	0.9	-0.6	0.5	1.0	1.8	0.9	-0.4	0.7	1.1	1.0
9	1.2	1.8	-0.9	0.6	1.3	2.9	1.9	-2.1	1.1	2.0	1.7
10	0.6	0.6	-0.5	0.4	0.3	1.6	1.7	-1.2	1.9	2.9	2.6
11	0.8	1.0	-0.6	0.5	0.5	2.7	2.6	-2.0	1.3	2.4	1.9
12	0.6	0.4	-0.4	0.4	0.3	1.9	2.1	-1.6	2.1	1.7	1.7
13	0.8	1.0	-0.6	0.5	0.9	1.9	3.0	-1.4	1.8	1.9	2.0
14	0.6	0.4	-0.4	0.4	0.7	0.7	1.5	-1.2	0.6	0.5	1.1
15	2.6	3.6	-1.9	1.1	1.8	2.9	3.6	-2.1	1.6	2.2	0.5
16	1.6	2.3	-1.2	0.8	1.0	-0.5	-0.2	-1.0	-0.4	-0.2	-2.5
17	2.4	3.5	-1.7	1.0	1.5	2.7	2.5	-1.6	1.2	1.6	-1.0
18	1.0	1.4	-0.8	0.5	0.9	1.8	1.6	-1.4	0.3	1.0	0.8
19	2.2	3.5	-1.7	1.0	1.9	3.1	3.3	-2.4	1.0	1.8	0.9
20	1.0	1.3	-0.7	0.5	1.0	0.5	1.9	-0.9	0.7	1.7	0.7
21	2.2	3.5	-1.7	1.0	1.7	3.0	3.7	-1.7	1.4	2.0	0.8

续表 6-5

工序	应力计算值/MPa					应力实测值/MPa					最大差值/MPa
	A	*B*	*C*	*D*	*E*	*A*	*B*	*C*	*D*	*E*	
22	1.0	1.2	-0.7	0.5	0.5	1.2	1.8	0.5	0.3	1.3	1.2
23	1.4	1.9	-1.1	0.6	0.7	2.6	3.4	-1.8	1.2	1.2	1.5
24	0.8	0.7	-0.6	0.5	0.5	1.7	2.2	-1.1	1.5	1.6	1.5
25	1.0	1.0	-0.7	0.5	1.0	2.9	2.9	-2.1	1.3	0.6	1.9
26	0.6	0.4	-0.4	0.4	0.9	1.2	2.3	-1.3	1.5	0.5	1.9
27	0.8	0.9	-0.6	0.5	1.0	1.5	3.1	-1.7	-0.8	-0.3	2.2
28	0.6	0.4	-0.4	0.4	0.6	1.7	2.3	-1.2	0.7	0.9	1.9

由表6-5可知，拱肋钢管应力计算值受到吊杆更换施工的影响较为显著，以距离4号待更换吊杆最近的计算点*B*为例进行说明。在奇数工序（临时吊杆张拉后、待更换吊杆卸载前的临时阶段，以及新吊杆张拉后、临时吊杆卸载前的临时阶段）时应力的计算值总是大于下一工序的计算值。这表明在没有完成索力阶段性替换的临时状态下（奇数工序），拱肋的受力状态较初始状态（工序0）发生了较大改变，该现象符合拱桥的受力变化规律。因此，以奇数工序为最不利工况进行监控指标的拟定是合理可行的。

同时，受复杂交通环境等的影响，拱肋应力的实测值与计算值之间存在一定偏差，但差值不超过2.6 MPa，满足应力控制要求。结合图6-11(a)的钢管初始应力可知，在吊杆更换施工过程中，拱肋钢管的实测应力均为压应力，在施工过程中未出现数值超限或不符合受力规律的现象。因此，在吊杆更换施工过程中，拱肋应力被控制在合理范围内。

6.3.4　桥面基频控制及监控

由于缺乏在开放交通条件下进行吊杆更换施工的工程经验，桥梁的动态性能受到吊杆更换施工的影响难以估量，因此十分有必要对整个施工过程中桥梁的动态性能进行监控。桥梁结构动态基频采用 DHDAS 动态信号采集分析系统进行测试，如图 6-12 所示。基频测试的原理是，使 1~5 号机与桥梁结构保持一定时间的共同振动，再由接收器进行统计分析得到桥梁结构的动态基频。测试分以下 4 步进行：

(a)计算机与控制器连接　　　　(b)测试机放置区域

图 6-12　DHDAS 动态信号采集分析系统

(1)在待更换吊杆一侧的狭长区域按顺序放置 1~5 号机，要求机底无异物且机底与桥面完全接触，放置完成后开启 1~5 号机。

(2)打开控制器并与计算机进行连接，检查并排除 1~5 号机的异常状况。

(3)采集数据，并同步记录待更换吊杆编号、测试时间及施工工序。

(4)保存数据，回收仪器设备。

为保证基频测试的精度，在测试仪底部与桥面之间设置胶着物以确保 1~5 号机与桥面紧密相连。同时，还要保证测试时间足够长、测试时没有施工器械或人员的强烈干扰。基频测试结果如表6-6和表6-7所示，关键阶段的FFT示波如图6-13和图6-14所示。

表6-6　临时吊杆加载阶段桥面基频变化率

测点	各加载等级下各测点的振动频率/Hz								变化率/%
	0	20%	40%	60%	80%	90%	95%	100%	
1	2.732	2.732	2.969	2.969	2.969	2.969	2.969	2.969	8.67
2	2.969	2.969	2.969	2.969	3.047	3.047	3.047	3.047	2.63
3	2.732	2.732	2.969	2.969	2.969	2.969	2.969	2.969	8.67
4	2.732	2.732	2.969	2.969	2.969	2.969	2.969	2.969	8.67
5	2.266	2.188	2.266	2.266	2.188	2.188	2.188	2.188	−3.44

表6-7　新吊杆加载阶段桥面基频变化率

测点	各加载等级下各测点的振动频率/Hz								变化率/%
	0	20%	40%	60%	80%	90%	95%	100%	
1	2.969	2.969	2.969	2.732	2.969	2.969	2.969	2.969	0
2	3.047	2.969	3.047	2.969	2.969	2.969	2.969	2.969	−2.56
3	2.969	2.969	2.969	2.969	2.969	2.969	2.969	2.969	0
4	2.969	2.969	2.969	2.732	2.969	2.969	2.969	2.969	0
5	2.188	2.188	2.188	2.188	2.188	2.266	2.188	2.188	0

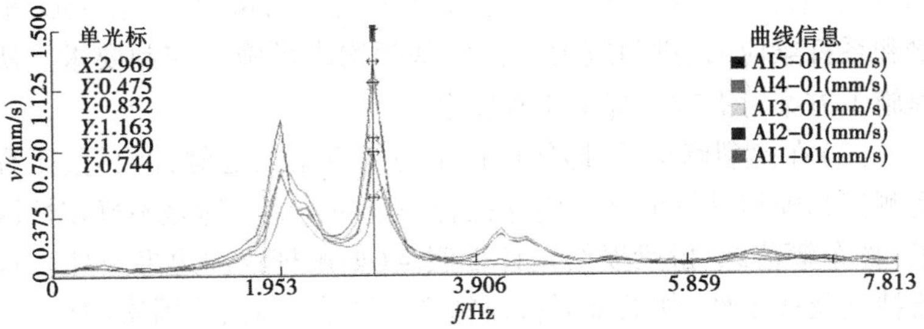

图 6-13　临时吊杆加载至 100%时 FFT 示波

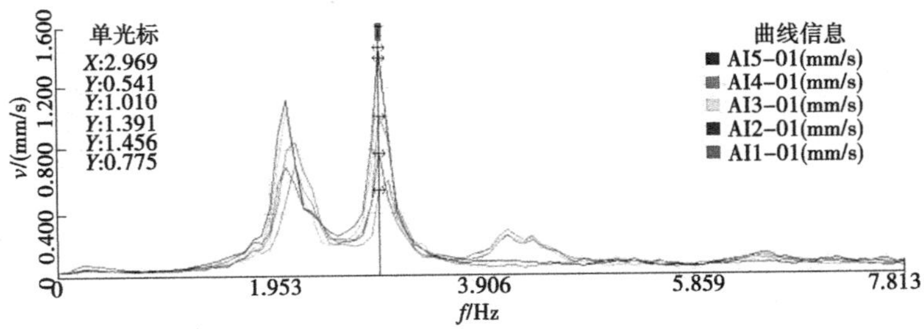

图 6-14　新吊杆加载至 100%时 FFT 示波

在施工过程中桥面动态基频会随着加载等级产生一些变化，但该变化不超过 10%且与加载等级无显著的相关关系。因此，在施工过程中，桥面基频被控制在了合理范围内，满足监控要求。

6.4　小　结

本章首先阐述了某座拱桥吊杆更换施工的工程概况和监控方案，然后通过吊杆更换过程中的实测数据验证了稳健性方案的可行性，并且证明了修正有限元模型的精确性。通过分析可以得出如下结论：

(1) 根据监控数据可知，理论值与实测值的误差不超过 10%，修正有限元模型的精度能够满足工程使用要求。结合施工控制目标可知,依托工程在吊杆更换前、后的索力相对偏差、主梁变形、横梁和系杆梁应力、拱肋应力及桥面基频均满足施工控制要求。所提施工方案可有效地保证工程安全。

(2)在模型修正后,即便进行了施工方案的稳健性设计,工程实测值和模型计算值之间仍存在着一定的误差。这是不确定性因素(如车辆荷载、桥梁损伤)、计算假定(如吊杆锚固边界条件)、仪器精度及适用性(如低温对仪器精度的影响)和人为因素(如索力张拉与测量记录时刻不一致)等原因引起的。

参考文献

[1] ZHENG X, YANG D H, YI T H, et al. Development of bridge influence line identification methods based on direct measurement data: A comprehensive review and comparison[J]. Engineering structures, 2019, 198: 109539.1-109539.8.

[2] QU C X, YI T H, LI H N. Mode identification by eigensystem realization algorithm through virtual frequency response function[J]. Structural Control and Health Monitoring, 2019, 26(10): e2429.1-e2429.19.

[3] 李戎,杨萌,刘林霞,等. 水下 FG 圆柱壳临界载荷和固有频率预测方法[J]. 郑州大学学报(工学版), 2021, 42(1): 70-76.

[4] POOYA S M H, MASSUMI A. A novel damage detection method in beam-like structures based on the relation between modal kinetic energy and modal strain energy and using only damaged structure data[J]. Journal of Sound and Vibration, 2022, 530: 116943.

[5] 周宇,狄生奎,王立宪,等. 基于柔度指标的系杆拱桥损伤识别与寿命预测[J]. 防灾减灾工程学报, 2018, 38(6): 1033-1043.

[6] 王立宪,周宇,狄生奎,等. 考虑边界非理想的铁路桥梁挠度影响线分析与损伤识别[J]. 工程科学与技术, 2020, 52(3): 123-132.

[7] 周宇,狄生奎,项长生,等. 基于弹性约束支承梁转角影响线的梁结构损伤诊断[J]. 浙江大学学报(工学版), 2020, 54(5): 879-888.

[8] 王艺霖,张平,安新梅. 基于竖向支座反力的两跨连续梁桥损伤定位方法[J]. 中国公路学报, 2014, 27(4): 79-84,105.

[9] WU B, WU G, YANG C. Parametric study of a rapid bridge assessment method using distributed macro-strain influence envelope line[J]. Mechanical Systems and Signal Processing, 2019, 120: 642-663.

[10] CHEN S, WU G, WU B. Simultaneous identification method of damage and vehicle parameters on bridges utilizing long-gauge strain influence line under

moving vehicle loads[C] //Sensors and Smart Structures Technologies for Civil, Mechanical, and Aerospace Systems 2017. SPIE, 2017, 10168: 573-582.

[11] YANG J, HOU P, YANG C, et al. Study on the method of moving load identification based on strain influence line[J]. Applied Sciences, 2021, 11(2): 853.

[12] 周宇,狄生奎,李喜梅,等. 基于弹性约束梁应变影响线曲率的桥梁结构损伤识别[J]. 应用基础与工程科学学报, 2021, 29(4): 901-914.

[13] 王涛,张丽莎,高岩. 基于 BP 神经网络的改进型新奇检测技术诊断大跨度拱桥异常状态[J]. 北京理工大学学报, 2016, 36(2): 157-162.

[14] 张安琳,张启坤,黄道颖,等. 基于 CNN 与 BiGRU 融合神经网络的入侵检测模型[J]. 郑州大学学报(工学版), 2022, 43(3): 37-43.

[15] SEN S, ASWAL N, ZHANG Q, et al. Structural health monitoring with non-linear sensor measurements robust to unknown non-stationary input forcing[J]. Mechanical Systems and Signal Processing, 2021,152: 107472.

[16] WANG Z, YANG D, YI T, et al. Eliminating environmental and operational effects on structural modal frequency: A comprehensive review[J]. Structural Control and Health Monitoring,2022,29(11): 1-24.

[17] AN Y, CHATZI E, SIM S H, et al. Recent progress and future trends on damage identification methods for bridge structures[J]. Structural Control and Health Monitoring,2019,26(10): e2416.

[18] YANG D, ZHOU H, YI T, et al. Joint deterioration detection based on field-identified lateral deflection influence lines for adjacent box girder bridges [J]. Structural Control and Health Monitoring, 2022, 29(10): e3053.

[19] KAHYA V, SIMSEK S, TOĞAN V. Vibration-based damage detection in anisotropic laminated composite beams by a shear deformable finite element and harmony search optimization [J]. Structural and Multidisciplinary Optimization,2022,65(6):1-19.

[20] GORGIN R. Damage identification technique based on mode shape analysis of beam structures, Structures[J]. Structures, 2020, 27:2300-2308.

[21] YANG X M, YI T H, QU C X, et al. Performance Warning of Bridges under Train Actions through Equivalent Frequency Response Functions[J]. Journal of Bridge Engineering,2022,27(10): 4022091.

[22] RAMÍREZ J A, BOROSCHEK R L, AGUILAR R, et al. Daily and seasonal effects of environmental temperature and humidity on the modal properties of structures[J]. Bulletin of Earthquake Engineering, 2022,20(9): 4533-4559.

[23] CHEN Z , ZHU S , XU Y , et al. Damage detection in long suspension bridges using stress influence lines[J]. Journal of Bridge Engineering, 2015,20(3): 05014013.

[24] ZHENG X, YI T H, YANG D H, et al. Stiffness estimation of girder bridges using influence lines identified from vehicle-induced structural responses [J]. Journal of Engineering Mechanics, 2021, 147(8): 04021042.

[25] CAI Q , CHEN Z , ZHU S, et al. On damage detection of beam structures using multiple types of influence lines, Structures[J]. Structures,2022,42: 449-465.

[26] ZHU S, CHEN Z, CAI Q, et al. Locate damage in long-span bridges based on stress influence lines and information fusion technique[J]. Advances in Structural Engineering,2014,17(8) :1089-1102.

[27] CHEN Z, CAI Q, ZHU S. Damage quantification of beam structures using deflection influence lines[J]. Structural Control and Health Monitoring, 2018, 25(11): e2242.

[28] HE W, REN W, ZHU S. Damage detection of beam structures using quasi-static moving load induced displacement response [J]. Engineering Structures, 2017,145:70-82.

[29] ZHENG X, YANG D, YI T, et al. Bridge influence line identification from structural dynamic responses induced by a high-speed vehicle[J]. Structural Control and Health Monitoring, 2020,27(7):e2544.

[30] WANG N, SHEN W, GUO C, et al. Moving load test-based rapid bridge capacity evaluation through actual influence line [J]. Engineering

Structures, 2022,252:113630.

[31] CATBAS F N, AKTAN A E. Condition and damage assessment: issues and some promising indices[J]. Journal of Structural Engineering, 2002, 128(8): 1026-1036.

[32] LANSDELL A, SONG W, Dixon B. Development and testing of a bridge weigh-in-motion method considering nonconstant vehicle speed [J]. Engineering Structures, 2017,152 :709-726.

[33] GONÇALVES M S, CARRARO F, LOPEZ R H. A B-WIM algorithm considering the modeling of the bridge dynamic response[J]. Engineering Structures, 2021,228:111533.

[34] ZHU Q, XU Y, XIAO X. Multiscale modeling and model updating of a cable-stayed bridge. Ⅰ: Modeling and influence line analysis[J]. Journal of Bridge Engineering, 2015,20(10):04014112.

[35] CORBALLY R, MALEKJAFARIAN A. Bridge damage detection using operating deflection shape ratios obtained from a passing vehicle[J]. Journal of Sound and Vibration, 2022,537:117225.

[36] LINK M, WEILAND M. Damage identification by multi-model updating in the modal and in the time domain[J]. Mechanical Systems and Signal Processing, 2009,23(6):1734-1746.

[37] LIU Y, ZHANG S. Damage localization of beam bridges using quasi-static strain influence lines based on the BOTDA technique[J]. Sensors,2018,18(12):4446.

[38] FRØSETH G T, RØNNQUIST A, CANTERO D, et al. Influence line extraction by deconvolution in the frequency domain[J]. Computers & Structures, 2017,189:21-30.

[39] WANG Q, DAI Y, MA Z, et al. Towards probabilistic data-driven damage detection in SHM using sparse Bayesian learning scheme[J]. Structural Control and Health Monitoring, 2022,29(11):1-20.

[40] YANG Y, LI S, NAGARAJAIAH S, et al. Real-time output-only identification of time-varying cable tension from accelerations via complexity pursuit[J]. Journal of Structural Engineering, 2016,142(1):04015083.

[41] LI D, ZHOU Z, OU J. Dynamic behavior monitoring and damage evaluation for arch bridge suspender using GFRP optical fiber Bragg grating sensors [J]. Optics & Laser Technology, 2012,44(4) :1031-1038.

[42] MAGALHÃES F, CUNHA Á, CAETANO E. Vibration based structural health monitoring of an arch bridge: From automated OMA to damage detection[J]. Mechanical Systems and signal processing, 2012, 28: 212-228.

[43] AN Y, GUAN D, DING Y, et al. Fast warning method for rigid hangers in a high-speed railway arch bridge using long-term monitoring data[J]. Journal of Performance of Constructed Facilities, 2017,31(6):04017103.

[44] XIAO F, FAN J, CHEN G, et al. Bridge health monitoring and damage identification of truss bridge using strain measurements[J]. Advances in Mechanical Engineering, 2019,11(3):1-7.

[45] AMEZQUITA-SANCHEZ J P, ADELI H. Signal processing techniques for vibration-based health monitoring of smart structures [J]. Archives of Computational Methods in Engineering, 2016,23(1):1-15.

[46] LIN S, YI T, LI H, et al. Damage detection in the cable structures of a bridge using the virtual distortion method [J]. Journal of Bridge Engineering,2017,22(8):04017039.

[47] 陈淮,何伟,何容.基于测点位移差的中、下承式拱桥吊杆损伤识别[J].中国公路学报,2012,25(1) :83-88.

[48] DANG C, VALDEBENITO M A, FAES M G R, et al. Beer, Structural reliability analysis: A Bayesian perspective[J]. Structural Safety, 2022, 99:102259.

[49] FANG S, CHEN S. Model-free damage localization of structures using wavelet based grey relational analysis[J]. Smart Materials and Structures, 2020,29(8): 085046.

[50] RIZVI S H M, ABBAS M. Lamb wave damage severity estimation using ensemble-based machine learning method with separate model network[J]. Smart Materials and Structures, 2021,30(11):115016.

[51] 谢肖礼,杨创捷,邱辰,等.1 000 m级中承式拱桥试设计研究[J].同济

大学学报(自然科学版),2021,49(4):487-498.
[52] 周银,王玥,周建庭,等. 500 m级钢管拱桥成拱计算与控制方法[J]. 中国公路学报,2022,35(5):60-72.
[53] 陈康明,吴庆雄,罗健平,等. 中、下承式拱桥悬吊桥面系强健性加固试验[J]. 交通运输工程学报,2022,22(6):95-113.
[54] SHAO X, HE G, SHEN X, et al. Conceptual design of 1 000 m scale steel-UHPFRC composite truss arch bridge[J]. Engineering Structures, 2021, 226: 111430.
[55] 陈宝春,何福云,李聪,等. 美兰法与美兰拱桥技术发展综述[J]. 交通运输工程学报,2022,22(6):1-24.
[56] 杨琪. 基于响应面法的大跨度钢管混凝土拱桥极限承载能力研究[D]. 重庆:重庆交通大学,2022.
[57] 韦建刚,罗霞,陈宝春,等. 圆高强钢管UHPC梁抗弯性能研究[J]. 工程力学,2021,38(1):183-194.
[58] 王彦博,宋辞,赵星源,等. 高强圆钢管混凝土短柱轴压承载力试验研究[J]. 建筑结构学报,2022,43(11):221-234.
[59] 刘志伟. 钢管脱空对钢管混凝土构件及拱桥静力性能影响研究[D]. 重庆:重庆交通大学,2022.
[60] 陈宝春. 拱桥技术的回顾与展望[J]. 福州大学学报(自然科学版),2009,37(1):94-106.
[61] ŠAVOR Z, BLEIZIFFER J. From Melan Patent to Arch Bridges of 400 m Spans[J]. Long Arch Bridges,2008,349-356.
[62] YOSHIMURA M, WU Q, TAKAHASHI K, et al. Vibration analysis of the Second Saikai Bridge: a concrete filled tubular (CFT) arch bridge[J]. Journal of Sound and Vibration, 2006, 290(1/2): 388-409.
[63] 王红伟. 大跨度钢管混凝土拱桥施工阶段非线性稳定性能研究[D]. 南宁:广西大学,2019.
[64] 陈宝春. 钢管混凝土拱桥发展综述[J]. 桥梁建设,1997(2):10-15,24.
[65] 陈宝春,韦建刚,周俊,等. 我国钢管混凝土拱桥应用现状与展望[J]. 土木工程学报,2017,50(6):50-61.
[66] ZHENG J, WANG J. Concrete-filled steel tube arch bridges in China[J].

Engineering, 2018, 4(1): 143-155.
[67]《中国公路学报》编辑部. 中国桥梁工程学术研究综述·2021[J]. 中国公路学报,2021,34(2):1-97.
[68] 陈宝春,刘君平. 世界拱桥建设与技术发展综述[J]. 交通运输工程学报,2020,20(1):27-41.
[69] SU J, ZHANG J, ZHOU J, et al. Fatigue life assessment of suspenders in tied-arch bridges under random traffic loads and environmental corrosion [J]. International Journal of Civil Engineering, 2023, 21(3): 523-540.
[70] 孙昊. 系杆拱吊杆更换过程的结构性能研究[D]. 南京:东南大学,2020.
[71] 侯剑岭,许维炳,陈彦江,等. 大跨度异型钢管混凝土拱桥典型病害分析及支座脱空影响研究[J]. 振动与冲击,2020,39(18):161-168,187.
[72] 高文波. 中承式钢拱桥维修加固技术[J]. 公路,2020,65(11):240-243.
[73] 张武. 济南市顺河高架系杆拱桥吊杆更换设计[J]. 铁道标准设计,2017,61(8):74-78,83.
[74] 李晓章,谢旭,潘骁宇,等. 拱桥吊杆锈蚀高强钢丝疲劳性能试验研究[J]. 土木工程学报,2015,48(11):68-76.
[75] 徐同辰. 拱桥吊杆腐蚀疲劳分析及其构造改进研究[D]. 哈尔滨:哈尔滨工业大学,2020.
[76] 中华人民共和国交通运输部. 公路钢管混凝土拱桥设计规范:JTG/T D65-06—2015 [S]. 北京:人民交通出版社,2015.
[77] 张军雷,崔海,王海雷. 拱桥吊杆安全性加固改造方案设计研究[J]. 世界桥梁,2021, 49(2):101-107.
[78] 蒋超越,黄海东,邱正松. 合阳嘉陵江大桥更换吊杆的技术与分析[J]. 中外公路,2014,34(5):160-162.
[79] 罗金山. 提篮拱桥吊杆更换及调索计算分析研究[J]. 公路,2021,66(12):166-170.
[80] 王菲. 大跨度钢管混凝土拱桥吊杆更换关键技术研究[J]. 铁道工程学报,2021,38(12):61-67.
[81] 张西强,赵云强,陈慧. 刚性系杆拱桥更换吊杆的施工监控[J]. 桥梁建

设,2014,44(5):118-122.

[82] ZHANG K, QI T, XUE X, et al. Study on sling replacement of concrete-filled steel tube arch bridge[J]. Archives of Civil Engineering, 2021, 67(2):597-610.

[83] WANG H, WANG L, ZHUO X, et al. Study on the precise displacement controlling method for a suspended deck in the hanger replacement process of an arch bridge[J]. Applied Sciences, 2021, 11(20): 9607.

[84] GRANATA M F. Stressing sequence for hanger replacement of tied-arch bridges with rigid bars[J]. Journal of Bridge Engineering, 2022, 27(1): 4021099. 1-4021099. 16.

[85] 孙志伟,邬晓光. 基于应力平衡法的系杆拱桥吊杆力的优化[J]. 武汉大学学报(工学版),2017,50(5):704-707,713.

[86] 舒林,许红胜,曾毅杰,等. 影响斜拉索运营寿命的各种因素分析[J]. 中外公路,2017,37(1):84-88.

[87] LI H. Replacement of cable stays in Yonghe Bridge in Tianjin, China[J]. Advances in Civil Engineering, 2020, 2020: 1-17.

[88] 蒋国富,王华,郝天之. 拱桥吊杆更换桥面位移控制方法[J]. 世界桥梁,2020,48(5):74-79.

[89] 聂磊. 危旧吊杆拱桥加固改造关键技术研究[D]. 石家庄:石家庄铁道学院, 2010.

[90] 余睿. 系杆拱桥换索的优化研究[D]. 长沙:长沙理工大学,2019.

[91] 余章龙,张大长,张宇峰,等. 大跨悬索桥吊索更换技术及受力状态模拟分析[J]. 中外公路,2019,39(2):83-88.

[92] 陈双聪. 拱桥吊杆更换若干关键问题研究[D]. 杭州:浙江大学,2014.

[93] 李浩师,黄平明,王涛,等. 基于差值法的系杆拱桥更换吊杆方案优化研究[J]. 铁道建筑,2018,58(7):49-52.

[94] 邹彦兵. 刚性系杆刚性拱桥吊杆更换方法研究[D]. 西安:长安大学,2017.

[95] 李磊磊. 大跨径中承式拱桥吊杆更换理论分析与设计方法研究[D]. 西安:长安大学,2012.

[96] 苏小妹,许红胜,颜东煌. 不中断交通情况下拱桥更换吊杆施工工序优

化研究[J]. 中外公路,2019,39(3):115-118.

[97] 孙晓龙. 中承式钢筋混凝土拱桥吊杆更换技术研究[D]. 济南:山东大学,2015.

[98] 向宝城,张枫林,卢小芬,等. 蒲庙大桥吊杆更换技术[J]. 施工技术,2013,42(5):58-61.

[99] 苏佳乐,刘华,阳春龙. 广东汕头海湾大桥吊索更换计算分析[J]. 中外公路,2018,38(1):128-133.

[100] JI W, SHAO T. Finite element model updating for improved box girder bridges with corrugated steel webs using the response surface method and fmincon algorithm[J]. KSCE Journal of Civil Engineering, 2021, 25(2): 586-602.

[101] ZHANG J, AU F T K, YANG D. Finite element model updating of long-span cable-stayed bridge by Kriging surrogate model[J]. Structural Engineering and Mechanics,2020, 74(2): 157-173.

[102] 王佐才,丁雅杰,戈壁,等. 桥梁结构非线性模型修正研究综述[J]. 交通运输工程学报,2022,22(2):59-75.

[103] 张皓,李东升,李宏男. 有限元模型修正研究进展:从线性到非线性[J]. 力学进展,2019,49(1):542-575.

[104] 刘乐天,李凡松,宋烨,等. 基于灵敏度分析的转向架构架有限元模型修正[J]. 振动与冲击,2023,42(3):181-186.

[105] 常鹏,吴楠楠,王钊,等. 藏式山地结构有限元模型修正及动力可靠度分析[J]. 土木工程学报,2020,53(6):13-20,41.

[106] 姜亚丽,杨刚,宋红红. 地震作用下矮塔斜拉桥的动力优化设计[J]. 工程力学,2020,37(增刊):313-319.

[107] LALTHLAMUANA R, TALUKDAR S. Estimation of gross weight, suspension stiffness and damping of a loaded truck from bridge measurements[J]. Structure and Infrastructure Engineering, 2017, 13(10/12): 1497-1512.

[108] 张建,钱孝文,杨娜,等. 大跨度圆竹拱结构动力测试及有限元模型修正[J]. 建筑结构学报,2022,43(2):94-104.

[109] 杨朋超,薛松涛,谢丽宇. 结构动力模型的改进直接修正方法及工程应

用[J].建筑结构学报,2021,42(3):34-40.
[110] 殷新锋,晏万里,任厚乾,等.车载作用下公路桥梁耦合振动精细化建模及验证分析[J].湖南大学学报(自然科学版),2021,48(9):129-137.
[111] Kim S W, Yun D W, Chang S J, et al. Dynamic stability assessment of high-speed railway bridges using numerical model updating[J]. Applied Sciences, 2022, 12(8): 3948.
[112] HESTER D, KOO K, XU Y, et al. Boundary condition focused finite element model updating for bridges[J]. Engineering Structures, 2019, 198: 109514.
[113] LIU J, YANG P, LIU Q, et al. Study on a benchmark finite element model of a cable-stayed bridge based on ABAQUS and IM-HPO[J]. AIP Advances, 2023, 13(3): 035012.
[114] NGUYEN D C, SALAMAK M, KATUNIN A, et al. Finite element model updating of RC bridge structure with static load testing: A Case study of Vietnamese ThiThac Bridge in coastal and marine environment[J]. Sensors, 2022, 22(22): 8884.
[115] LUO L, XIA Y, WANG A, et al. Finite element model updating method for continuous girder bridges using monitoring responses and traffic videos[J]. Structural Control and Health Monitoring, 2022, 29(11):1-23.
[116] 唐煜,岳杰,华旭刚.基于人工蜂群算法的桥梁有限元模型局部刚度修正[J].铁道科学与工程学报,2021,18(9):2333-2343.
[117] ABEDIN M, BASALO F J D C Y, KIANI N, et al. Bridge load testing and damage evaluation using model updating method[J]. Engineering structures, 2022, 252: 113648.
[118] 彭涛,田仲初,张建仁,等.基于多目标优化的混凝土斜拉桥静动力有限元模型修正[J].振动与冲击,2018,37(21):108-116.
[119] 梁鹏,赵云鹏,邬刚柔,等.基于加权 Kendall 相关系数和序贯代理模型的有限元模型修正[J].中国公路学报,2021,34(12):57-67.
[120] SHAN D, CHAI Y H, DONG H, et al. Uncertainty updating of finite element models using interval analysis[J]. International Journal of

Structural Stability and Dynamics, 2020, 20(13): 2041012.

[121] 马印平,刘永健,刘江. 基于响应面法的钢管混凝土组合桁梁桥多尺度有限元模型修正[J]. 中国公路学报,2019,32(11):51-61.

[122] 许世展,李杨,冯冠杰,等. 基于响应面法的桥梁节段参数模型修正[J]. 铁道科学与工程学报,2022,19(6):1658-1665.

[123] 冀伟,邵天彦. 波形腹板钢箱-混凝土箱梁桥的有限元模型修正[J]. 西南交通大学学报,2021,56(1):1-11.

[124] CHENG X X, FAN J H, XIAO Z H. Finite element model updating for the Tsing Ma Bridge tower based on surrogate models[J]. Journal of Low Frequency Noise, Vibration and Active Control, 2022, 41(2): 500-518.

[125] XIA Z, LI A, LI J, et al. Model updating of an existing bridge with high-dimensional variables using modified particle swarm optimization and ambient excitation data[J]. Measurement, 2020, 159: 107754.

[126] 陈宝春. 钢管混凝土拱桥[M]. 2 版. 北京:人民交通出版社,2006.

[127] 秦世强,胡佳,曹鸿猷,等. 基于试验数据的大跨度拱桥有限元模型修正[J]. 中国公路学报,2019,32(7):66-76.

